高等院校艺术设计类专业
“十三五”案例式规划教材

中文版Flash CC
动画制作案例教程

主　编　耿　阳　彭凌玲

ART DESIGN

华中科技大学出版社
http://www.hustp.com
中国·武汉

内容提要

本书通过示例引导教学，循序渐进地讲解了网页制作的方法与技巧，共分为 11 章，内容主要包括：Flash CC 入门基础知识，使用 Flash CC 绘图工具，编辑图形对象，使用 Flash 文本对象，使用 Flash 元件、实例和库，使用图片、声音和视频，使用时间轴、帧和图层，制作 Flash 动画，使用 ActionScript 添加特效，使用 Flash 组件快速创建动画，优化和发布 Flash 动画。

本书内容丰富，操作方法简单易学，不仅可以作为高职院校动画设计专业的教学用书，也可供从事动画设计人员、网页设计人员、Flash 动画爱好者学习的参考用书。

图书在版编目 (CIP) 数据

中文版 Flash CC 动画制作案例教程 / 耿阳，彭凌玲主编 .—武汉 : 华中科技大学出版社 , 2018.8

高等院校艺术设计类专业“十三五”案例式规划教材

ISBN 978-7-5680-4349-6

Ⅰ . ①中…　Ⅱ . ①耿…　②彭…　Ⅲ . ①动画制作软件－高等学校－教材　Ⅳ . ① TP391.414

中国版本图书馆CIP数据核字(2018)第172435号

中文版 Flash CC 动画制作案例教程

Zhongwenban Flash CC Donghua Zhizuo Anli Jiaocheng

耿阳　彭凌玲　主编

策划编辑：金　紫

责任编辑：周怡露

封面设计：原色设计

责任校对：曾　婷

责任监印：朱　玢

出版发行：华中科技大学出版社（中国・武汉）　电话：(027)81321913

武汉市东湖新技术开发区华工科技园　邮编：430223

录　排：华中科技大学惠友文印中心

印　刷：湖北新华印务有限公司

开　本：880mm × 1194mm　1/16

印　张：8.5

字　数：191 千字

版　次：2018 年 8 月第 1 版第 1 次印刷

定　价：55.00 元

编 委 会

主 编 耿 阳 彭凌玲

副主编 杜晓璇 赵安琪

参 编（排名不分先后）

陈玺如 张露云 董晓荣

佟立金 张 然 赵炜侬

从艳华 白雅君 董 慧

前言

Preface

Adobe Flash Professional CC（简称 Flash CC）是美国 Adobe 公司最新推出的一款用于动画制作和多媒体创作的软件，内含强大的工具集，能够帮助用户轻松创作和编辑动画短片、Flash MTV、交互式游戏、网页、教学课件等。Flash CC 也是一个集成的程序开发环境，用户利用它可以快速编写出高质量的 ActionScript 程序代码，可以让程序和动画完美结合，以创建交互式的 Flash 动画。由于 Flash 动画具有体积小、放大后不失真、交互能力强、制作简便、边下载边运行、可输出为多种格式等诸多优点，使得它在多媒体课件制作中的应用越来越广泛。为了帮助读者在较短的时间内轻松掌握 Flash CC 软件的相关知识，我们组织相关人员精心编写了本书。

本书通过示例引导教学，基于现代职业教育课程结构构建模块化教学内容，特别注重对操作和创建方法的讲解。本书内容丰富、操作方法简单易学，即使是刚入门的读者，只需按照本书介绍的步骤进行操作，便能做出相同的效果。

由于编者水平有限，书中难免存在不妥之处，恳请专家、同行和读者提出宝贵意见。

编　者

2018 年 6 月

目录

Contents

第一章

Flash CC 入门基础知识

重点概念：

1. 了解 Flash 软件及 Flash 动画的效果。
2. 熟悉 Flash CC 的工作环境。
3. 掌握 Flash CC 的基础操作。

章节导读

Adobe 公司发布的 Adobe Flash Professional CC 中文正式版简称为 Flash CC。Flash CC 的整体风格及操作与 Adobe 公司的其他软件相似，界面清新、简洁、友好，操作简单、直观，用户可以在较短时间内掌握软件的使用。

第一节 认识 Flash 动画

1. Flash 软件介绍

Flash 的前身是 Future Wave 公司的 Future Splash，是世界上第一个商用的二维矢量动画软件，主要用于设计和编辑 Flash 文档。1996 年 11 月，美国的 Macromedia 公司收购了 Future Wave，并将其改名为 Macromedia Flash，简称 Flash。2005 年，全球最大的图像编辑软件供应商 Adobe 公司宣布以约 34 亿美元的全股票交易方式收购 Flash 网页设计软件供应商 Macromedia 公司，将 Flash 最终命名为 Adobe Flash。

Flash 被称为“最为灵活的前台”，网页设计者使用 Flash 可以创建漂亮的、可改变尺寸的以及极其紧密的导航界面，还可以制作很多其他奇特的效果。Flash 为数字动画的创建和交互式 Web 站点、桌面应用程序以及手机应用程序的开发提供了功能全面的创作和编辑环境。

2. Flash 动画的应用

Flash 可以实现多种动画特效，这些动画是一帧帧的静态图片在短时间内连续播放而形成的影像，通过动态的过程表现来满足用户的制作需要。现阶段 Flash 应用在娱乐短片、片头、广告、MTV、导航条、小游戏、产品展示、应用程序开发的界面、开发网络应用程序等领域。Flash 已经大大增加了网络功能，可以直接通过 xml 读取数据，又加强了与 ColdFusion、ASP、JSP 和 Generator 的整合，因此用 Flash 开发网络应用程序应用广泛。

第二节　Flash CC 的工作环境

一、工作界面

Flash CC 默认的工作界面主要由菜单栏、工具面板、属性检查器、舞台、时间轴等组成，如图 1-1 所示。在使用 Flash CC 时，使用者可以根据需求，调整工作界面各项面板的位置，更改面板类型，通过拖动面板或者点击菜单栏的方式进行个性化设置。

【菜单栏】：命令集成区域，包括【文件】、【编辑】、【视图】、【插入】、【修改】、【文本】、【命令】、【控制】、【调试】、【窗口】、【帮助】等工具。使用

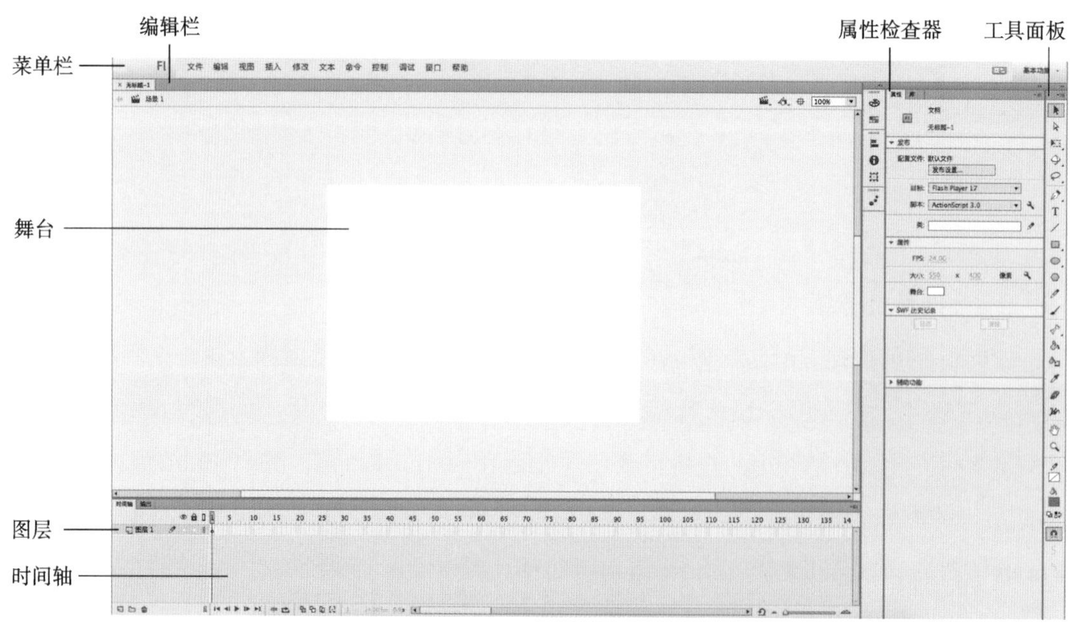

图 1-1　默认的工作界面

者通过点击菜单栏内的各选项几乎可以间接或直接地完成 Flash CC 内的所有命令。

【编辑栏】：展示打开的多个文件，通过点击可以关闭该文件的工作界面，或选择一个文件进行编辑。

【舞台】：使用者进行创作的主要区域，承担着“画布”的工作，用户在该区域内可以对素材进行编辑并对动画进行整合。

【图层】：对当前文件所含图层进行调整与编辑。

【时间轴】：用于控制当前帧、动画播放速度、时间等，是动画创作的重要工具。

【属性检查器】：在该面板中可以调整当前选中对象的属性，会根据所选对象的不同而使具体内容发生改变。

【工具面板】：集合了在进行动画创作时需要的各项工具。

二、Flash CC 中的面板集

Flash CC 中的面板集即面板的集中管理。面板的管理与布局可以通过以下两种较为常见的方法完成。

方法一：使用 Flash CC 自带的几种面板集模板。这些模板以使用者的设计需求为主要的划分方式，点击工作区域右上角的【基本功能】，如图 1-2 所示，在下拉栏中可以进行布局模板的切换，如图 1-3 所示。

方法二：点击【窗口】，在下拉栏中对所需面板进行调出与关闭的操作，通过点击、拖曳等操作对面板进行合并、分离、折叠，并对面板的位置进行调整，如图 1-4 所示。

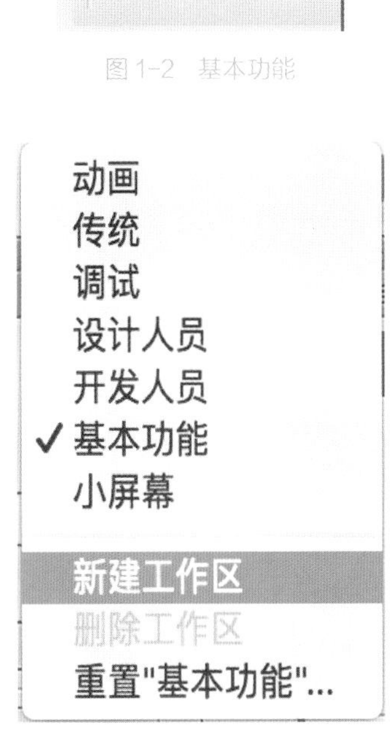

图 1-2 基本功能

图 1-3 布局模板

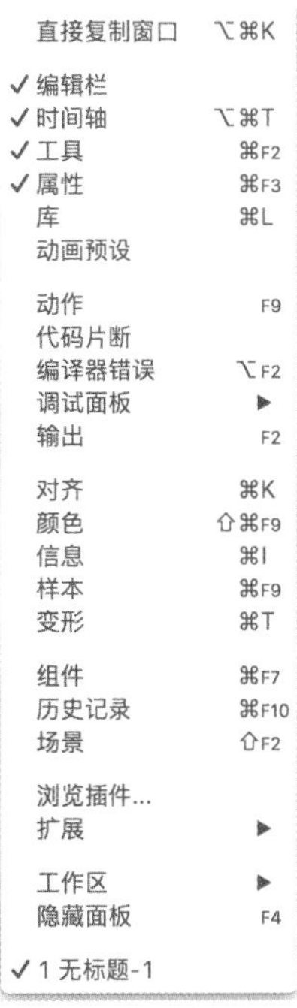

图 1-4 窗口下拉栏

常用的面板通常包括【颜色】、【库】、【属性】、【变形】、【历史记录】等。每一个面板都有比较具体的操作与功能，在后续章节会有详细讲解。

三、网格、标尺和辅助线

网格、标尺和辅助线工具在 Flash CC 中可以帮助使用者进行定位及布局。

网格的调出方式如下。

（1）在【菜单栏】中单击【视图】出现相应的下拉栏，如图 1-5 所示。

（2）选择【网格】，点击【显示网格】，如图 1-6 所示。

（3）对网格形式进行编辑，可以通过点击【菜单栏】→【视图】→【网格】→【编辑网格】的路径调出【网格】对话框，在对话框内对网格的各项属性进行调整，如图 1-7 所示。

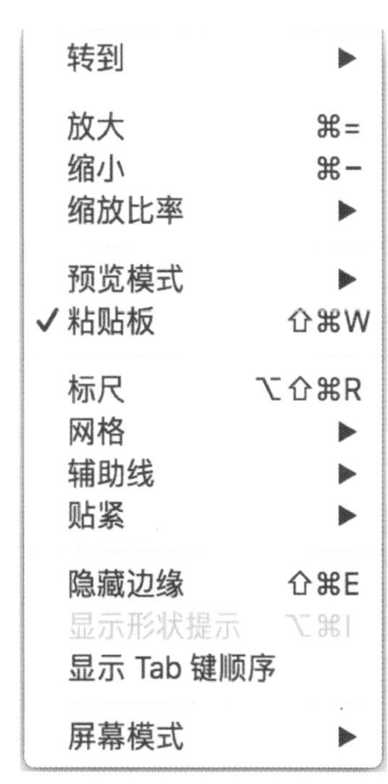

图 1-5 【视图】下拉栏

图 1-6 【网格】侧边栏

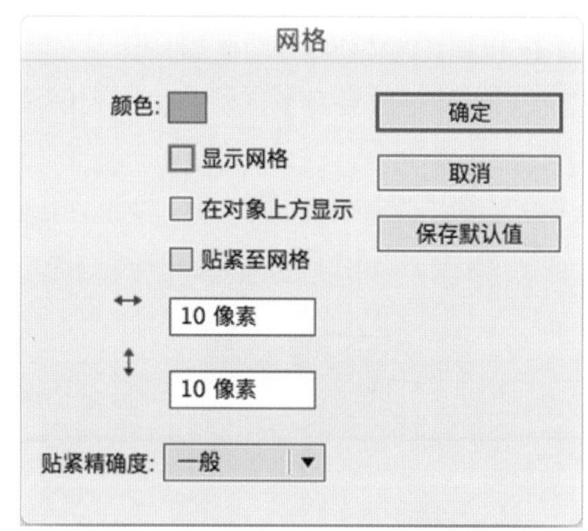

图 1-7 【网格】对话框

【颜色】：对网格的颜色进行选择设置。

【显示网格】：勾选后会在【舞台】上显示完整的网格。

【在对象上方显示】：勾选后，网格仅仅在【舞台】内创建的元件上显示。

【贴紧至网格】：将【舞台】内的各个元件贴靠在网格之上。

【水平间距】：调整设置网格中每一格的宽度。

【垂直间距】：调整设置网格中每一格的高度。

【紧贴精确度】：决定【舞台】内对象被网格吸引时距离网格的远近，包括【必须接近】、【一般】、【可以远离】、【总是贴紧】。

【保存默认值】：点击后会将当前设置的数据保存为网格的默认值，在打开其他文件时延续此设置。

标尺的调出方式为【菜单栏】→【视图】→【标尺】。

从标尺上可以拖曳出参考线，也可以通过【菜单栏】→【视图】→【辅助线】的路径打开辅助线的侧边栏，如图 1-8 所示，显示、锁定或清除【舞台】中的参考线。

点击侧边栏中的【编辑辅助线】，可以调出【辅助线】对话框，在该面板上可以对辅助线各项数据进行调整修改，如图 1-9 所示。

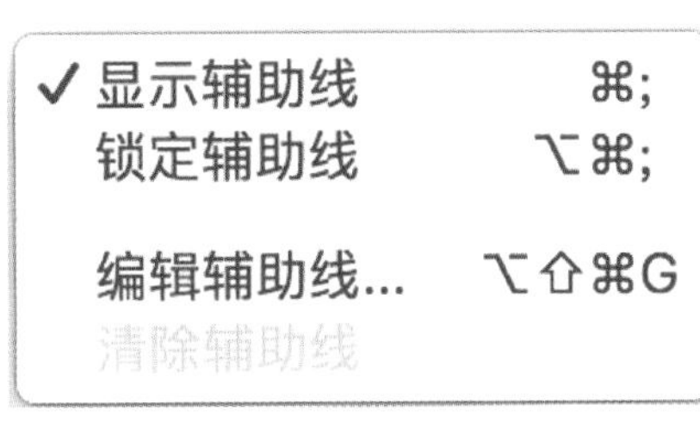

图 1-8　【辅助线】侧边栏

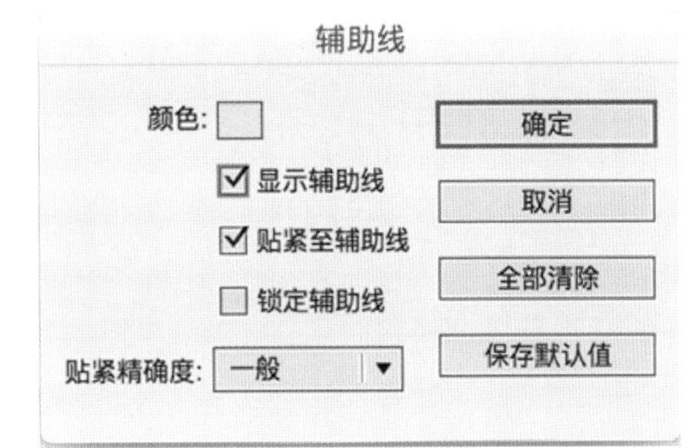

图 1-9　【辅助线】对话框

第三节　Flash CC 的基础操作

Flash CC 的基础操作包括新建 Flash 文件、打开 Flash 文件以及保存 Flash 文件三个步骤。

【示例 1】新建 Flash 文件。

新建 Flash 文件是使用 Flash CC 进行设计的第一步，有两种方法可供选择。

方法一：打开 Flash CC 的软件，在【新建】类别下点击鼠标，选择创建一个文件，如图 1-10 所示。

方法二：在【菜单栏】中选择【文件】，在下拉栏中点击【新建】，如图 1-11 所示。在弹出的【新建文档】对话框中选择需要创建的文件类型，点击【确定】，如图 1-12 所示。

【示例 2】打开 Flash 文件。

通过打开 Flash 文件的操作，用户可以对已有的文件进行编辑与修改。具体方法如下。

方法一：打开 Flash CC 的软件，在打开界面的【打开最近的项目】类别下，点击打开需要的文件，如图 1-13 所示。

文件 编辑 视图 插入
新建... ⌘N
打开 ⌘O
在 Bridge 中浏览 ⌥⌘O
打开最近的文件 ▶
关闭 ⌘W
全部关闭 ⌥⌘W
保存 ⌘S
另存为... ⇧⌘S
另存为模板...
全部保存
还原
导入 ▶
导出 ▶
发布设置... ⇧⌘F12
发布 ⌥⇧F12
AIR 设置...
ActionScript 设置...

图 1-10 新建界面

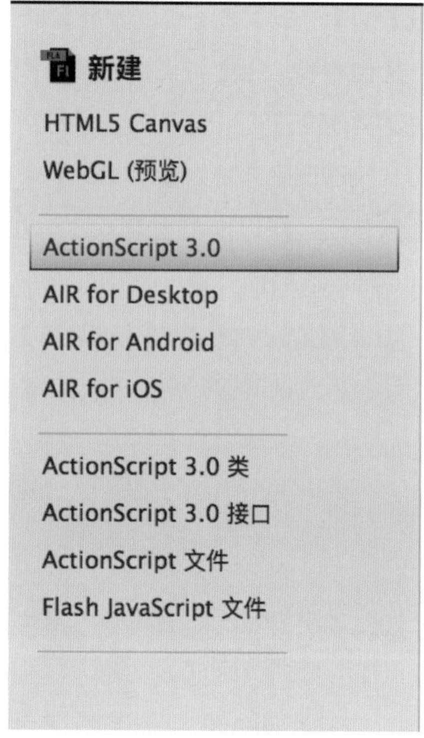

图 1-11 【文件】下拉栏

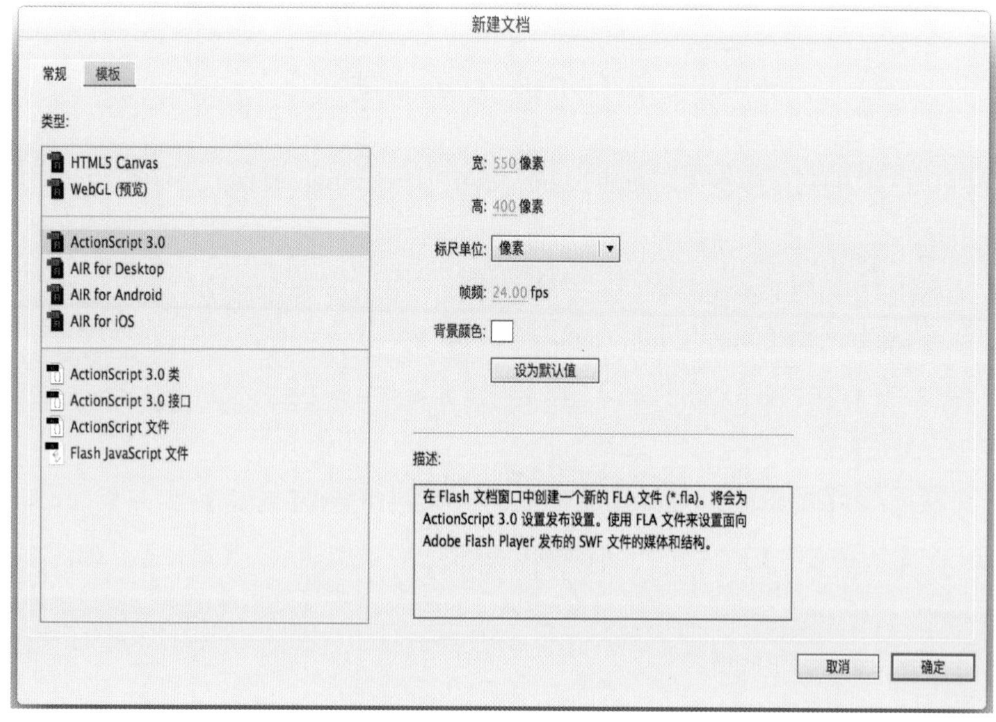

图 1-12 【新建文档】对话框

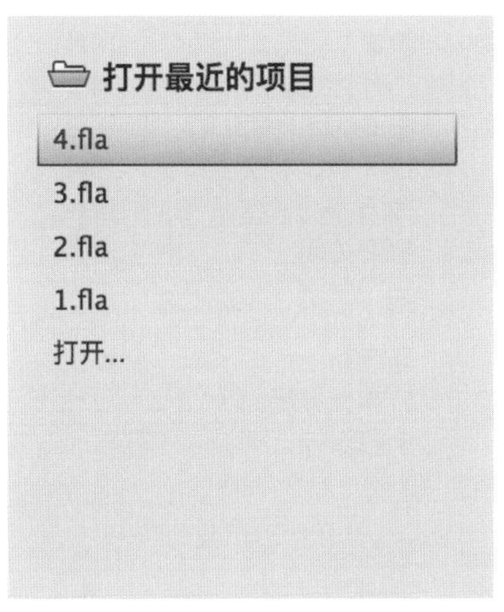

图 1-13　【打开最近的项目】类别

方法二：在【菜单栏】中选择【文件】，在下拉栏中点击【打开】，在弹出的【打开文件】对话框中选择需要打开的文件，点击【Open】，如图 1-14 所示。

图 1-14　【打开文件】对话框

【示例 3】保存 Flash 文件。

对文件进行编辑后，需要将 Flash 文件保存。在【菜单栏】中选择【文件】，在下拉栏中点击【保存】，如图 1-15 所示。在弹出的【保存文件】对话框中输入文件名称后，点击【确定】。

新建...	⌘N
打开	⌘O
在 Bridge 中浏览	⌥⌘O
打开最近的文件	▶
关闭	⌘W
全部关闭	⌥⌘W
保存	⌘S
另存为...	⇧⌘S
另存为模板...	
全部保存	
还原	
导入	▶
导出	▶
发布设置...	⇧⌘F12
发布	⌥⇧F12
AIR 设置...	
ActionScript 设置...	

图 1-15 【保存】下拉栏

本／章／小／结

本章简单介绍了 Flash CC 软件的基础知识。通过本章的学习，读者可以了解 Flash 软件及 Flash 动画的效果，熟悉 Flash CC 的工作环境，掌握 Flash CC 的基础操作，为接下来的学习打下基础。

思考与练习

1. Flash CC 有哪些特点？

2. 简要说明 Flash CC 窗口的结构。

3. Flash 在哪些领域有着广泛的应用？

4. 练习 Flash CC 的基础操作。

第二章
使用 Flash CC 绘图工具

重点概念：

1. 认识 Flash CC 中的图形。
2. 熟练掌握基本绘图工具。
3. 熟练掌握图形颜色填充、处理。
4. 掌握辅助绘图工具和选取工具的使用。

章节导读

Flash CC 拥有强大的矢量绘图功能，用户通过使用不同的绘图工具，配合多种编辑命令或编辑工具，可以制作出精美的矢量图形。Flash CC 还可以对图形对象进行规则的排列，从而制作出更加精准的图形。

第一节　认识 Flash CC 中的图形

绘制图形是创作 Flash 动画的基础，在学习绘制和编辑图形的操作之前，首先要对 Flash 中的图形有较为清晰的认识，了解位图与矢量图的区别以及图形色彩的相关知识。

一、位图和矢量图

Flash CC 中的图形分为位图和矢量图两种。

1. 位图

位图可以称为点阵图像，它由单个像素点组成，色彩丰富，过渡自然，但在放大之后会出现“马赛克”的模糊情况，同时体量较大。位图通常用在对色彩丰富度或真实感要求比较高的场合。

2. 矢量图

矢量图又称为绘图图像，是通过数学公式计算得出的图形效果。计算机在存储和显示矢量图时，只需要记录图形的边线位置和边线之前的颜色这两种信息，因此矢量图的复杂程度直接影响其文件的大小，而与分辨率无关，可以随意放大或缩小，不存在失真的风险。

二、图形的色彩模式

丰富的色彩可以使动画的表现能力增强，因此在 Flash CC 中对图形进行色彩填充是一项很重要的工作。由于不同的颜色在色彩的表现上存在某些差异，根据这些差异，色彩被分为若干种色彩模式，如 RGB 模式、灰度模式、索引颜色模式等。在 Flash CC 中，软件提供了两种色彩模式，分别为 RGB 和 HSB 色彩模式。

1.RGB 色彩模式

RGB 色彩模式是工业界的一种颜色标准，通过对红（red）、绿（green）、蓝（blue）三个颜色通道的变化以及它们相互之间的叠加来得到各种颜色。在通常情况下，RGB 共有 256 级亮度，用数字表示为从 0 至 255。对于单独的 R、G、B 而言，当数值为 0 时，代表这种颜色不发光；数值为 255 时，则该颜色为最高亮度。

2.HSB 色彩模式

HSB 色彩模式是基于人眼的一种颜色模式，颜色分为色相（hues）、饱和度（saturation）、亮度（brightness）三个因素。

（1）色相：在 0° ～ 360° 的标准色环上，按照角度值标识，例如红色是 0° ，橙色是 30° 。

（2）饱和度：指颜色的强度或纯度。饱和度表示色相中彩色成分所占的比例，用 0（灰色）～ 100%（完全饱和）的百分比来度量。在色立面上饱和度从内向外逐渐增加。

（3）亮度：颜色的明暗程度，通常是用 0（黑）～ 100%（白）的百分比来度量的，在色立面中从上至下逐渐递减，上边线为 100%，下边线为 0。

第二节　使用基本绘图工具

Flash CC 中的基本绘图工具是绘制图形的基础，它包括钢笔工具、线条工具、矩形工具与基本矩形工具、椭圆工具与基本椭圆工具、多角星形工具、铅笔工具、画笔工具。这些工具在【工具】面板中可以找到，如图 2-1 所示。

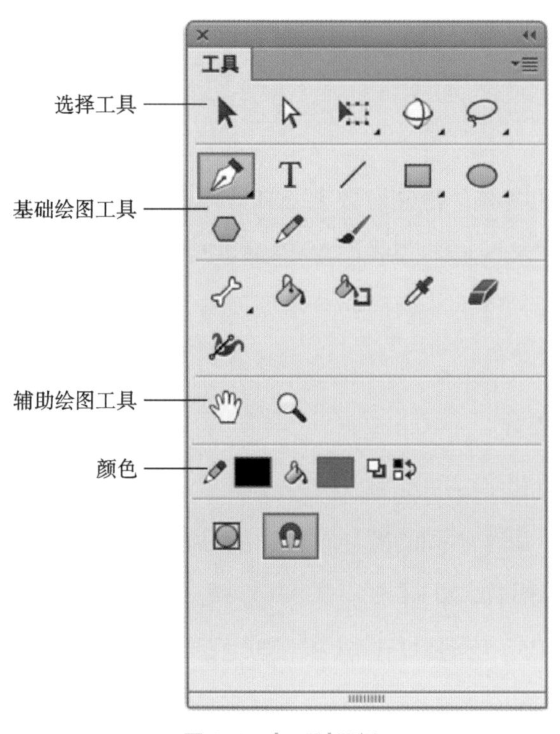

图 2-1 【工具】面板

一、钢笔工具

Flash CC 中的钢笔工具包括【钢笔工具】、【添加锚点工具】、【删除锚点工具】、【转换锚点工具】，如图 2-2 所示。

图 2-2 钢笔工具

【钢笔工具】：操控鼠标进行曲线的绘制。单击【舞台】创建一个锚点，在创建锚点的同时拖动鼠标，会拖出曲线的方向柄，按【Shift 键】同时创建锚点，在水平或垂直方向创建一个锚点，形成一段线段。

【钢笔工具】：可以用来绘制开放的曲线，也可以绘制闭合的形状。绘制开放的线条时，完成所有锚点后可以按住【Ctrl 键】点击【舞台】内的空白处，完成线条的绘制；绘制闭合图形时，可以用鼠标点击起始的锚点作为结束锚点，这样会形成闭合的路径。

【添加锚点工具】：可以在绘制出的路径上添加锚点。具体操作为使用鼠标点击路径上需要添加锚点的位置，拖动鼠标会出现路径的方向柄。

【删除锚点工具】：可以在绘制出的路径上删除锚点。具体操作为使用鼠标点击路径上需要删除的锚点。

【转换锚点工具】：可以调整锚点的方向柄。

二、线条工具

Flash CC 中的【线条工具】主要用于绘制直线。单击【线条工具】按钮，点击【舞台】并拖动鼠标完成线条的绘制。

线条的具体参数（如颜色、粗细等）可以在【属性】面板中进行更改与调整。具体操作为点击【窗口】→【属性】，调出【属性】面板，在【属性】面板上进行更改，如图 2–3 所示。

三、矩形工具与基本矩形工具

点击【矩形工具】或【基本矩形工具】进行拖动，可以绘制出一个矩形。拖曳【基本矩形工具】的顶点可以调整角的弧度，如图 2–4 所示。

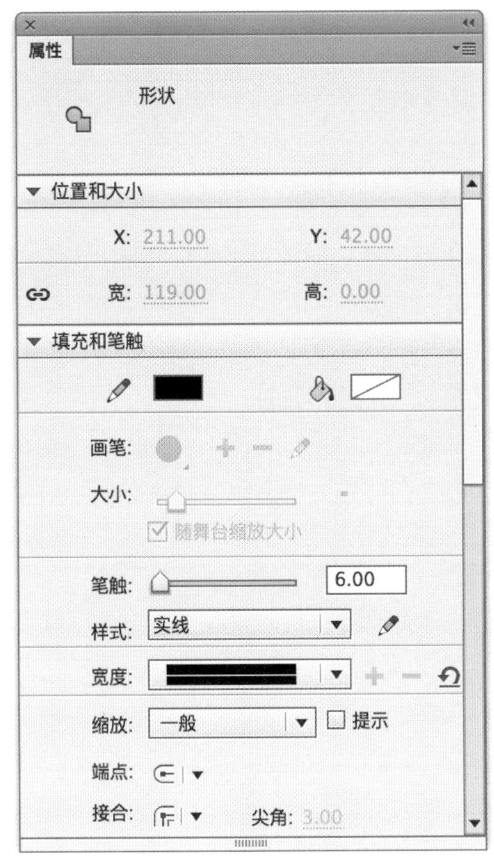

图 2–3　线条的【属性】面板

图 2–4　拖曳顶点后的【矩形工具】与【基本矩形工具】

【基本矩形工具】与【矩形工具】的区别在于，使用【基本矩形工具】绘制的图形可以直接使用【选择工具】拖动矩形的顶点修改形状，不需要重新绘制。

【矩形工具】与【基本矩形工具】在【属性】面板上可以修改对应的参数。

四、椭圆工具与基本椭圆工具

点击【椭圆工具】或【基本椭圆工具】进行拖动，可以绘制出一个椭圆形。拖曳【基本椭圆工具】的中心点可以调整中心椭圆的弧度，如图 2–5 所示。

【基本椭圆工具】与【椭圆工具】的区别在于，使用【基本椭圆工具】绘制的图形，使用【选择工具】可以直接修改椭圆的形状使其形成同心圆等。

图 2-5　拖曳中心点后的【椭圆工具】与【基本椭圆工具】

五、多角星形工具

单击【工具栏】中的【多角星形工具】，在【舞台】中单击并拖曳鼠标，可以绘制出一个系统默认的正五边形。

在【属性】面板中可以更改【多角星形工具】的各项参数，如图 2-6 所示。点击【工具设置】中的【选项】，会弹出一个【工具设置】对话框，通过调整【样式】、【边数】、【星形顶点大小】的具体参数来决定图形的样式，如图 2-7 所示。

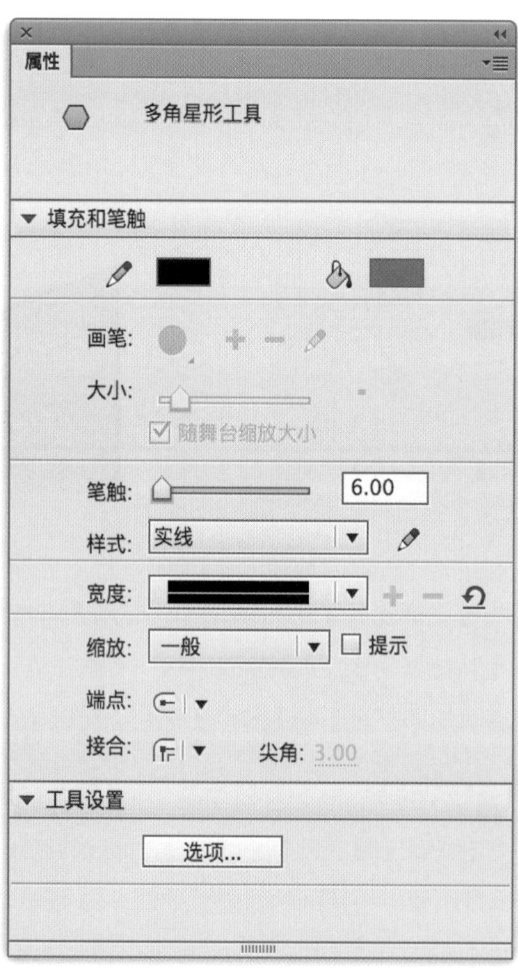

图 2-6　【属性】面板

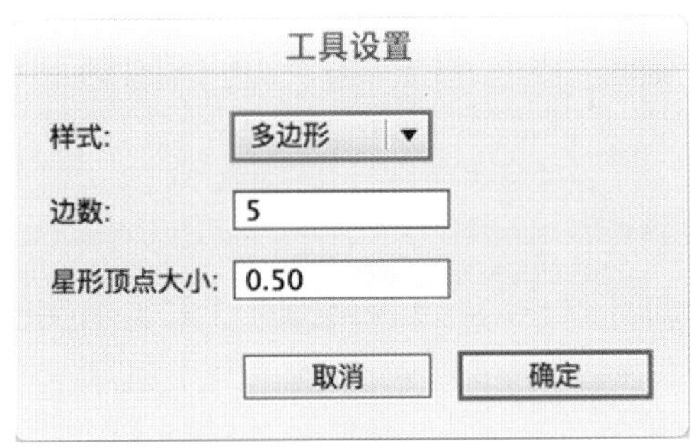

图 2-7　【工具设置】对话框

六、铅笔工具

铅笔工具用来绘制较为随意的线条，【工具栏】的【铅笔模式】下拉栏中会出现不同的模式供用户选择，如图 2-8 所示。

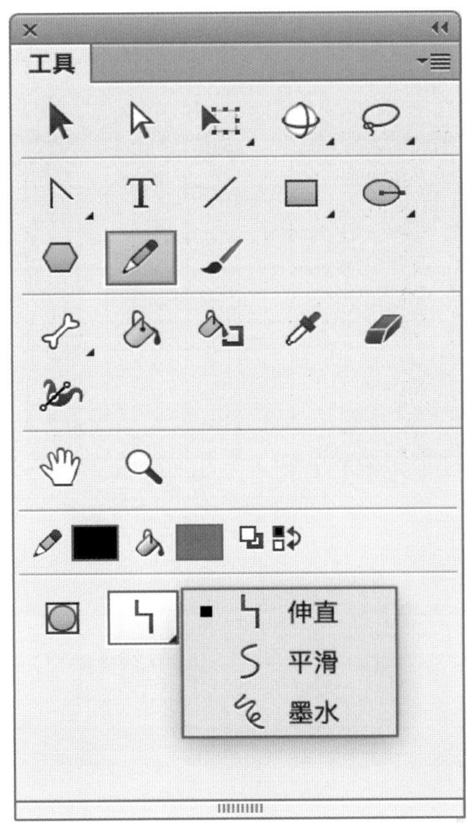

图 2-8　铅笔模式

【伸直】：铅笔线条更加平直。

【平滑】：铅笔线条较为平滑。

【墨水】：铅笔线条无变化。

七、画笔工具

【画笔工具】与【铅笔工具】十分相似，两者的区别在于【铅笔工具】绘制的是笔触，【画笔工具】绘制的是填充属性。

第三节 图形颜色填充、处理

一、笔触颜色和填充颜色

在 Flash CC 中，通过工具栏内的【笔触颜色】与【填充颜色】对图形颜色进行调整是常用的方法，如图 2-9 所示。

【笔触颜色】即图形对象的笔触或边框的颜色。【填充颜色】即填充形状的颜色区域。单击【笔触颜色】或【填充颜色】的按钮，在弹出的【色板】中选择需要的颜色，如图 2-10 所示；也可以点击【色板】右上角，打开【颜色选择器】选择颜色，如图 2-11 所示。

图 2-9 【笔触颜色】与【填充颜色】

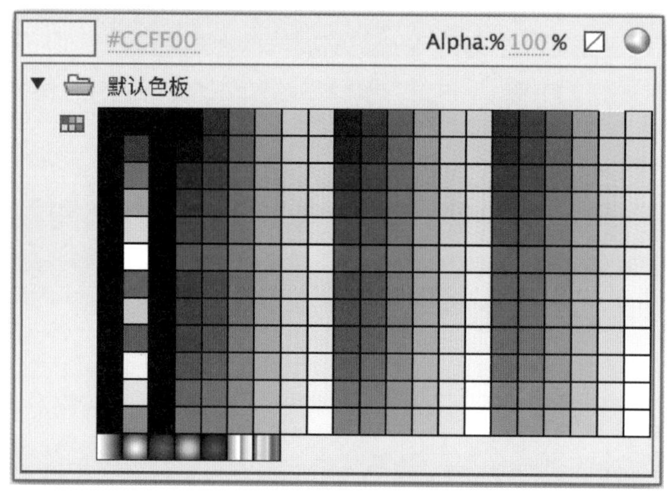

图 2-10 【色板】面板

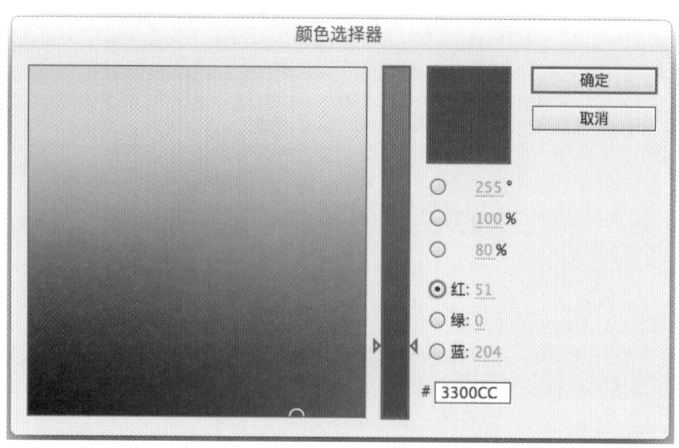

图 2-11 【颜色选择器】面板

二、纯色填充

纯色的填充可以通过【颜色】面板完成，如图 2-12 所示。具体方法是单击【窗口】

调出【颜色】面板，如图 2-13 所示，在颜色类型的下拉栏中选择【纯色】，如图 2-14 所示。在面板内调整具体的颜色，完成纯色填充。

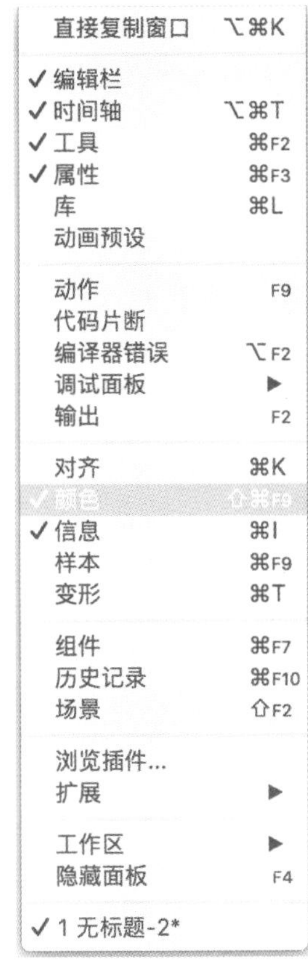

图 2-12　【颜色】

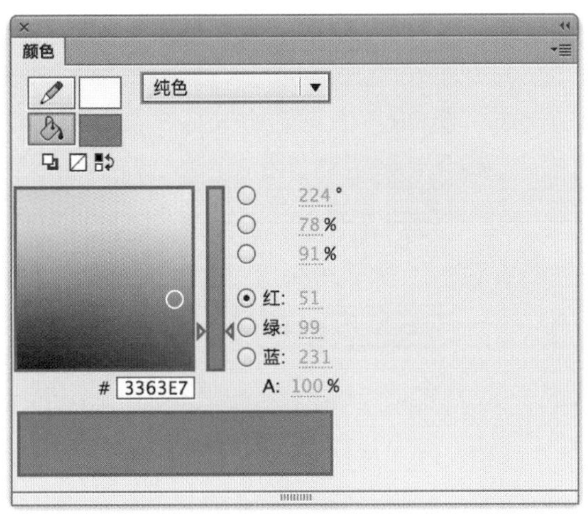

图 2-13　【颜色】面板

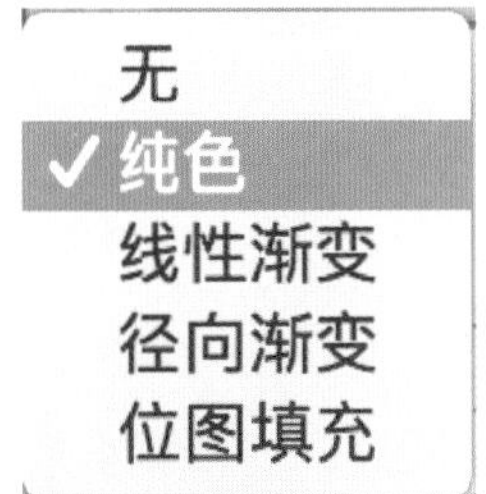

图 2-14　【颜色类型】

三、渐变填充

渐变填充是指对图形颜色进行各种填充变形处理。在 Flash CC 中，填充渐变颜色有两种类型，分别是【径向渐变】和【线性渐变】。

【线性渐变】是产生一种沿线形轨道混合的渐变趋势，如图 2-15 所示。而【径向渐变】是产生从一个中心焦点出发沿环形轨道向外混合的渐变趋势，如图 2-16 所示。

具体操作：点击【窗口】→【颜色】，在下拉栏中选择【线性渐变】或者【径向渐变】，在【颜色】面板中调整颜色。

四、位图填充

【位图填充】是指将位图作为底纹素材填充到选择的图形对象之中。

选择图形对象，点击【窗口】→【颜色】，在下拉栏中选择【位图填充】。在弹出的【导入到库】对话框中选择需要的位图，单击【Open】按钮，如图 2-17 所示，位图即成功填充到所选对象中。

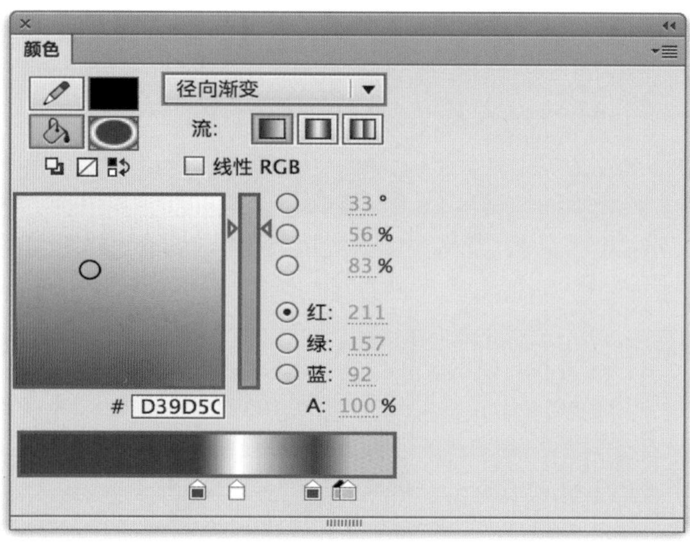

图 2-15 【径向渐变】

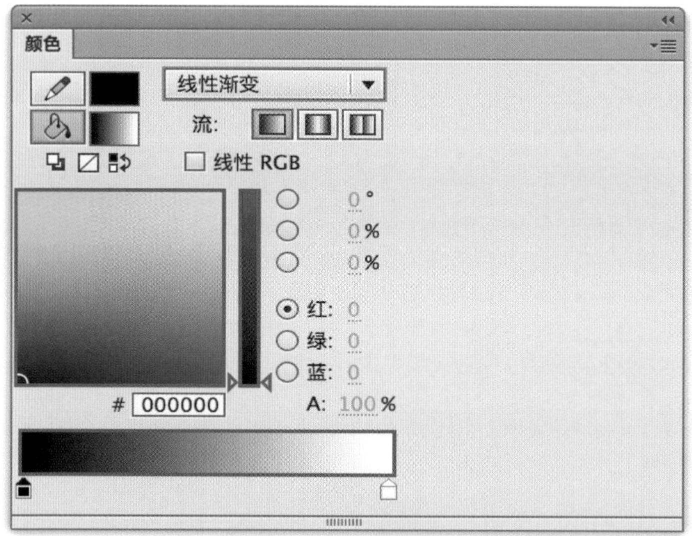

图 2-16 【线性渐变】

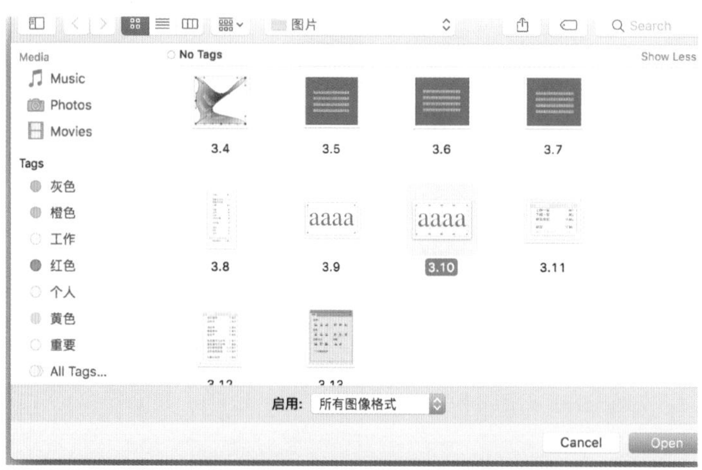

图 2-17 【导入到库】对话框

五、滴管工具

使用【滴管工具】可以吸取【舞台】上所有的颜色，吸取的颜色可以应用在新的图形中。

在【工具】面板中，选择【滴管工具】，鼠标点击颜色即可吸取该颜色。

六、颜料桶工具

【颜料桶工具】可以帮助用户大面积地快速上色。具体操作方法：在【工具】面板中选择【颜料桶】工具，在需要使用的图形上单击，该区域即被成功填充颜色。

【颜料桶工具】的填充颜色可以在【颜色】面板中进行设置。

七、墨水瓶工具

【墨水瓶工具】可以帮助使用者对边线进行颜色的填充，与【颜料桶工具】的使用方法相同，可以在【颜色】面板中进行边线的设置。

第四节　使用辅助绘图工具

一、手形工具

在 Flash CC 中，使用【手形工具】可以移动【舞台】中的内容。

在【工具】面板中选择【手形工具】，鼠标指针变为手形，点击鼠标并拖动，视图会随着拖动进行调整，释放鼠标则不再拖动，如图 2-18 所示。

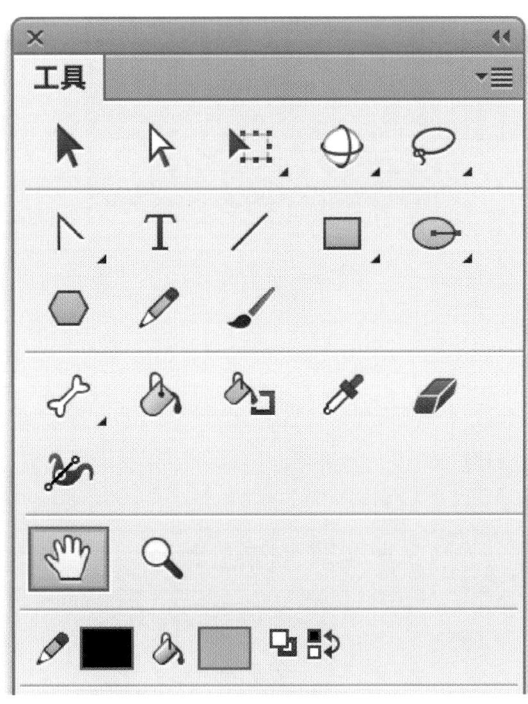

图 2-18　【工具】面板【手形工具】

二、缩放工具

在 Flash CC 中使用【缩放工具】会对【舞台】及其内容进行视觉上的放大与缩小。这种放大与缩小仅仅是视角上的改变，用以方便使用者对整体内容加以把握，并不会影响【舞台】及其内容的实际大小。

在【工具】栏中选择【缩放工具】，选择【放大】或者【缩小】工具，在【舞台】上点击，会进行放大或者缩小的视角推进，如图 2-19 所示。

图 2-19 【工具】栏中的【缩放工具】

第五节 使用选取工具

一、选择工具

用户在 Flash CC 中，可以通过【选择工具】对【舞台】中需要编辑的对象进行选择，如图 2-20 所示。这种选择可以是全部，也可以是局部。有两种方法可以完成对象的选择。

方法一：使用【选择工具】，点击【舞台】中需要选择的对象。

方法二：使用【选择工具】，在【舞台】空白处按下鼠标并拖动，将需要选择的对象框选出来。

图 2-20 【选择工具】

二、套索工具

套索工具常常用来选择不规则的图形和区域，包括【套索工具】、【多边形工具】、【魔术棒】，如图 2-21 所示。

图 2-21 套索工具

三、部分选取工具

【部分选取工具】用于选择图形上的节点，使用方法是选择路径上的锚点进行拖曳，如图 2-22 所示。

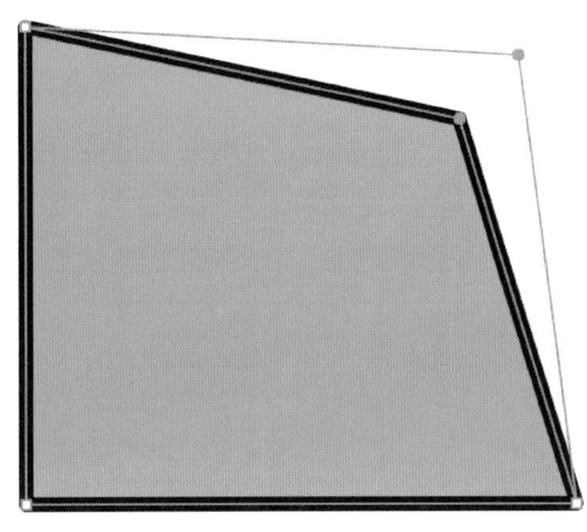

图 2-22　【部分选取工具】

本 / 章 / 小 / 结

本章重点介绍了 Flash CC 的基本绘图工具。用户熟练掌握绘图工具的使用是 Flash 学习的关键。在学习和使用过程中，应当清楚各种工具的用途，灵活运用这些工具可以绘制出栩栩如生的矢量图，为后续动画制作做好准备工作。

思考与练习

1. Flash CC 中的基本绘图工具有哪些？

2. 如何填充、处理图形颜色？

3. 运用所学知识制作不同形状的图形。

第三章

编辑图形对象

重点概念：

1. 熟练掌握图形对象的变形。

2. 熟练掌握图形对象的组合与分离。

3. 熟练掌握图形对象的排列与对齐。

章节导读

Flash CC 拥有强大的图形编辑能力，本章将学习图形对象的一些常用编辑方法。

第一节　图形对象的变形

一、变形面板

在对图形对象进行变形的过程中，调出【变形】面板是比较快捷的方式。

单击【窗口】，在下拉栏中选择【变形】，会弹出【变形】面板。在【变形】面板中可以实现对对象的旋转、扭曲、缩放等操作，如图 3-1 所示。

【缩放】：包括水平方向、垂直方向的缩放比例。单击锁链状的【约束】按钮，图形的长宽比例在缩放过程中不会变化。

【旋转】：所选对象的旋转角度，选择后可以通过调整数值使所选对象进行旋转变换。

【倾斜】：所选对象的倾斜角度，选择后可以通过调整数值使所选对象进行不同方向的倾斜。

【3D 旋转】：影片剪辑在【舞台】上的旋转。

【3D 中心点】：调整影片剪辑实例的中心点位置。

【翻转】：包括【水平翻转】与【垂直翻转】，点击按钮可以对对象进行翻转操作。

【重制选区与变形】：单击后创建所选图形对象的变形副本。

【取消变形】：将上述所有设置恢复到初始状态。

二、自由变换

图形的自由变换可以通过【任意变形工具】完成。选中需要变换的对象，点击【工具栏】中的【任意变形工具】，图形会出现变换框。通过拖曳等方式可以对图形对象进行旋转、缩放、倾斜等操作。

三、扭曲图形

选中需要扭曲的图形，点击【修改】中的【变形】选项，在侧边栏中选择【扭曲】可以对选定的图形进行扭曲变换，如图 3-2 所示。

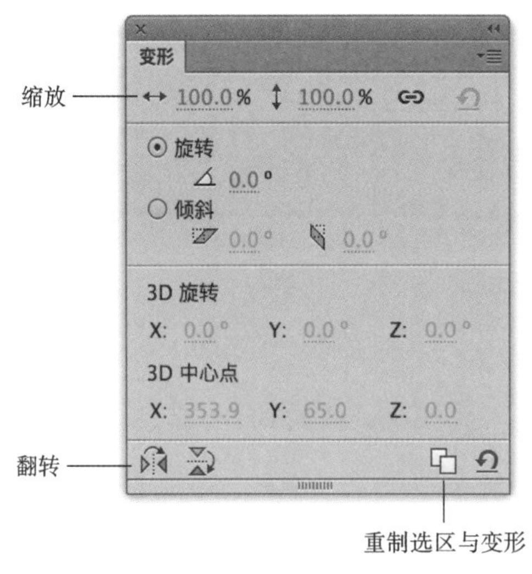

图 3-1 【变形】面板

任意变形
扭曲
封套
缩放
旋转与倾斜
缩放和旋转… ⌥⌘S
顺时针旋转 90 度 ⇧⌘9
逆时针旋转 90 度 ⇧⌘7
垂直翻转
水平翻转
取消变形 ⇧⌘Z

图 3-2 【扭曲】

在【扭曲】状态下，使用者可以通过拖曳变形点的方式对图形进行扭曲变形。按住【Shift 键】后拖曳顶点，该顶点所在的边会因拖曳方向而放大或缩小；按住【Ctrl 键】后拖曳中点，该中点所在的边会整体变换。

四、缩放

点击【修改】→【变形】→【缩放】的路径拖曳变换点，可以对选中的图形进行缩放操作。

五、封套

Flash CC 中的【封套】功能可以对图形进行弯曲和调整，可以理解为将图形的边框进行形状上的变化，这些形变影响到了整体的图形。

【示例 1】使用【封套】功能。

【封套】可以通过点击【修改】→【变形】→【封套】后拖曳变形点等方式来实现，如图 3-3、图 3-4 所示。

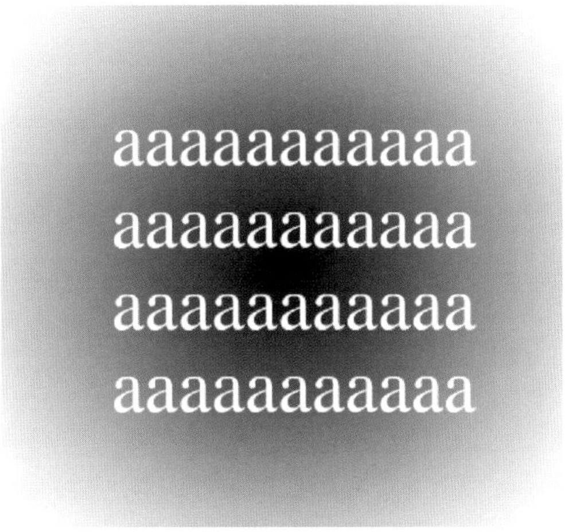

图 3-3　示例图形

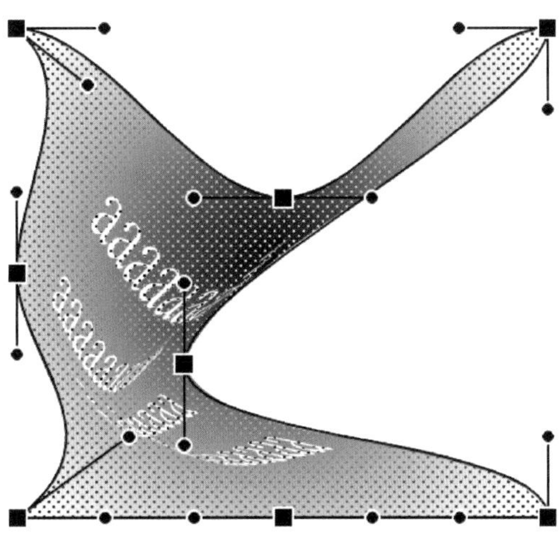

图 3-4　封套变形

六、旋转和倾斜

点击【修改】→【变形】→【旋转和倾斜】，将鼠标指针移动到顶点处，指针变换为旋转指针，即可对选中的图形进行旋转操作；将鼠标指针移动到中点处，指针变换为倾斜指针，即可对选中的图形进行倾斜操作。

七、翻转

【示例 2】使用【水平翻转】和【垂直翻转】功能。

点击【修改】→【变形】可以对选中的图形执行【水平翻转】或【垂直翻转】的命令，如图 3-5 ～图 3-7 所示。

图 3-5　示例图形

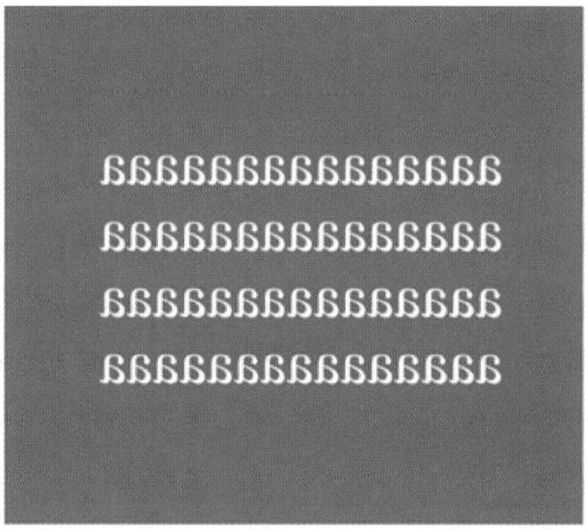

图 3-6　【水平翻转】

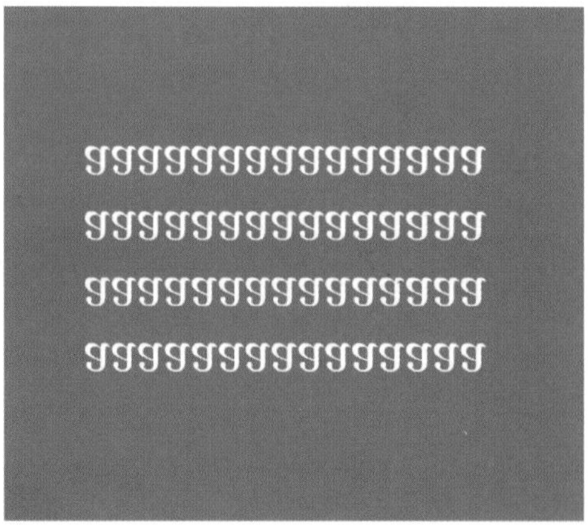

图 3-7　【垂直翻转】

第二节　图形对象的组合与分离

一、组合图形对象

在 Flash CC 中，为了对多个图形进行统一的编辑，可以将这些对象进行组合，以方便后续的编辑及调整。组合的对象可以是组、元件和文本等。

【示例 3】组合图形对象。

通过点击【修改】→【组合】可以将已选中的图形对象组合在一起，点击【修改】→【取消组合】可以将这些图形对象重新变为原来独立的个体，如图 3-8 所示。

图 3-8　【组合】与【取消组合】

二、分离图形对象

【示例 4】分离图形对象。

图形的【分离】处理可以使组、位图等分离为单独的可编辑元素。具体操作为选中需要变换的图形对象，点击【修改】→【分离】，如图 3-9、图 3-10 所示。

图 3-9　分离图形前

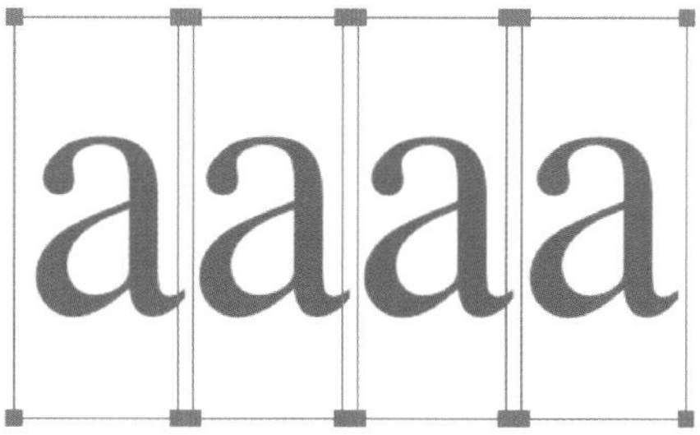

图 3-10　分离图形后

第三节　图形对象的排列与对齐

一、层叠图形对象

在同一图层中，Flash 会根据对象的创建顺序层叠对象，在默认情况下，会将最新创建的对象放在最上层。在选中导入的对象后，用户可以通过点击【修改】→【排列】，选择侧拉栏中的排列次序，对层叠顺序进行修改，如图 3-11 所示。

移至顶层	⇧⌘↑
上移一层	⌘↑
下移一层	⌘↓
移至底层	⇧⌘↓
锁定	⌥⌘L
解除全部锁定	⌥⇧⌘L

图 3-11　【排列】侧拉栏

二、对齐图形对象

【示例 5】对齐图形对象。

对齐图形对象可以通过以下两种途径实现。

方法一：选中【舞台】中已导入的对象，单击【修改】→【对齐】，在侧拉栏中选择对齐的方式，如图 3-12 所示。

方法二：点击【窗口】→【对齐】调出【对齐】面板，选择对齐的方式，如图 3-13 所示。

左对齐	⌥⌘1
水平居中	⌥⌘2
右对齐	⌥⌘3
顶对齐	⌥⌘4
垂直居中	⌥⌘5
底对齐	⌥⌘6
按宽度均匀分布	⌥⌘7
按高度均匀分布	⌥⌘9
设为相同宽度	⌥⇧⌘7
设为相同高度	⌥⇧⌘9
与舞台对齐	⌥⌘8

图 3-12　【对齐】侧拉栏

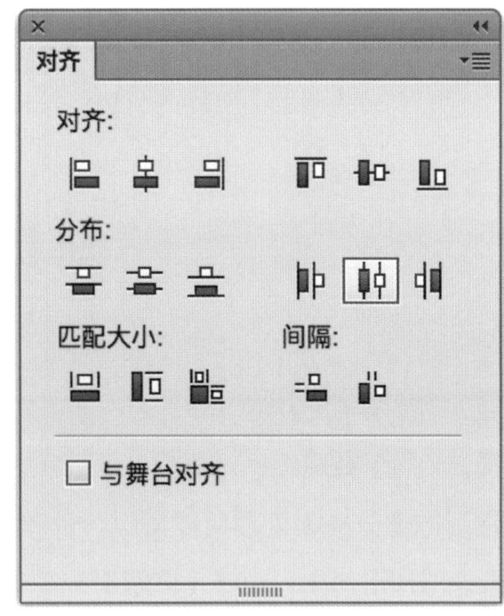

图 3-13　【对齐】面板

【左对齐】：被选中对象的左边线全部对齐。

【水平居中】：被选中对象的垂直中线全部对齐。

【右对齐】：被选中对象的右边线全部对齐。

【顶对齐】：被选中对象的上边线全部对齐。

【垂直居中】：被选中对象的水平中线全部对齐。

【底对齐】：被选中对象的下边线全部对齐。

【设为相同宽度】：被选中的对象宽度变为同一值。

【设为相同高度】：被选中的对象高度变为同一值。

【与舞台对齐】：选择后，可将对齐和分布等上述选项相对于【舞台】进行操作。

本／章／小／结

本章重点介绍了 Flash CC 中图形对象的编辑。通过本章的学习，用户可以掌握图形对象的变形、组合、分离、排列、对齐等操作方法，为接下来的学习打下基础。

思考与练习

1. 图形对象的变形有哪些方法？如何操作？

2. 练习图形对象的组合和分离操作。

3. 练习图形对象的排列和对齐操作。

第四章 使用 Flash 文本对象

重点概念：

1. 熟练掌握 Flash 文本的创建。
2. 熟练掌握 Flash 文本的编辑。
3. 熟练掌握添加 Flash 文本滤镜。

章节导读

在 Flash CC 制作动画中，文本是一种特殊的对象，具有图形组合和实例的某些属性，但又具有其独特的特性。

第一节 创建 Flash 文本

一、Flash 文本类型

在 Flash 的使用过程中，大部分信息都需要用到文本的传递，几乎所有的动画都使用了文本。Flash 文本可以分为【静态文本】、【动态文本】和【输入文本】。

【静态文本】：不能动态更改字符的文本。

【动态文本】：动态更新的文本，如体育得分、股票报价等。

【输入文本】：用户可以将文本输入到表单或调查表中。

在普通的动画制作中主要应用静态文本，在动画的播放过程中，静态文本区域中的文字不可编辑和改变。而动态文本和输入文本则是在 Flash 中用来和函数进行交互控制的。

二、创建静态文本

静态文本是在动画设计中应用得最多的一种文本类型，也是 Flash CC 软件默认的一种文本类型。在【工具】面板中单击【文本工具】按钮，在【属性】面板的【字符】下拉列表中，选择【静态文本】选项，如图 4-1 所示。在工作区中输入文本后，在【属性】面板中会显示文本的类型和状态，如图 4-2 所示。

图 4-1　【文本工具】按钮

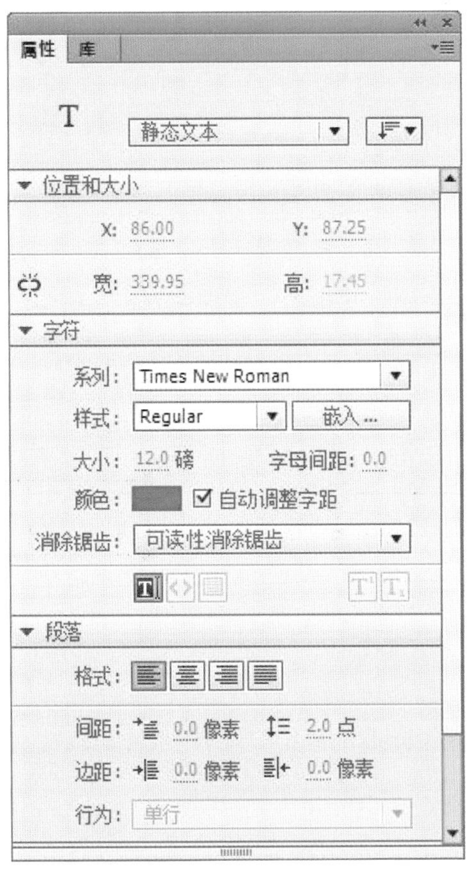

图 4-2　【属性】面板

在面板各项工具栏中，【使用设备字体】选项的作用是减少 Flash 文件中的数据量。在 Flash 中有三种设备字体：“_sans”“_serif”“_typewrite”。当选择该命令时，Flash 播放器会自动选择当前用户机器上与这三种字体最相近的字体来替换动画中的字体。选择【可选】命令，在播放动画的过程中，可以使用鼠标拖曳选择这些文本，并且可以进行复制和粘贴。

选择面板中的【文本工具】，这时鼠标指针会显示为一个十字形状，然后则可以在【舞台】中输入文本。

【示例 1】创建可伸缩文本框。

操作步骤如下。

（1）选择工具箱中的【文本工具】。

（2）单击工作区的空白位置。

（3）这时【舞台】中会出现文本框，文本框右上角显示为空心的圆，表示此文本框为可伸缩文本框，如图 4-3 所示。在文本框中输入文本，文本框会跟随文本自动改变宽度，如图 4-4 所示。

图 4-3　可伸缩文本框

图 4-4　改变文本框的宽度

【示例 2】创建固定文本框。

（1）选择工具箱中的【文本工具】。

（2）单击工作区的空白位置，并拖曳出一个区域。

（3）这时【舞台】中会出现文本框，文本框的右上角显示为空心的方形，表示此文本框为固定文本框，如图 4-5 所示。在文本框中输入文本，文本会根据文本框的宽度而自动改变，如图 4-6 所示。

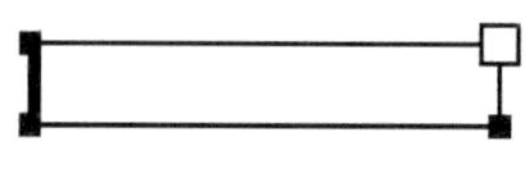

图 4-5　固定文本框

图 4-6　在文本框中输入文本

三、创建动态文本

动态文本在结合函数的 Flash 动画中应用得很多，可以在文本【属性】面板中选择【动态文本】类型，如图 4-7 所示。

选择动态文本表示在工作区中创建了可以随时更新的信息，它提供了一种实时跟踪

图 4-7 选择【动态文本】类型

和显示文本的方法，可以在动态文本的【变量】文本框中为该文本命名，文本框将接收这个变量的值，从而动态改变文本框所显示的内容。

而为了与静态文本相区别，动态文本的控制手柄会出现在文本框右下角，如图 4-8 所示。动态文本的边框为空心的圆点，表示为单行文本，空心的方点表示多行文本。

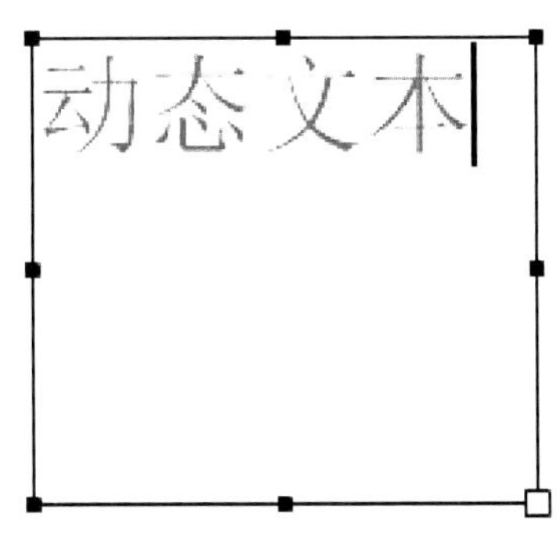

图 4-8 动态文本的控制手柄

四、创建输入文本

与动态文本类似，输入文本主要是为了和函数交互而应用到 Flash 动画中。在文本【属性】面板中选择【输入文本】类型，如图 4-9 所示。输入文本与动态文本的用法相同，但同时可以作为一个输入文本框来使用，在 Flash 动画播放时，可以通过这种输入文本框输入文本，实现用户与动画的交互。

图 4-9　在文本【属性】面板中选择【输入文本】类型

如果在输入文本所对应的【属性】面板中选择了【将文本呈现为 HTML】命令，则文本框支持输入的 HTML 格式。如果在输入文本所对应的【属性】面板中选择了【在文本周围显示边框】命令，则会显示文本区域的边界及背景。

五、创建段落文本

用户可以根据工作需要输入一段或多段文字，并且在【属性】面板中为段落文字设置效果。

【示例 3】创建段落文本。

在【工具】面板中单击【文本工具】按钮，在【属性】面板的文本下拉列表中选择【静态文本】选项，在【段落】区域中，设置【格式】为【居中对齐】，如图 4-10 所示。返回【舞台】中，鼠标指针变成十字形状，按住鼠标拖动一个文本框，然后在文本框中输入文本，完成创建段落文本的操作。

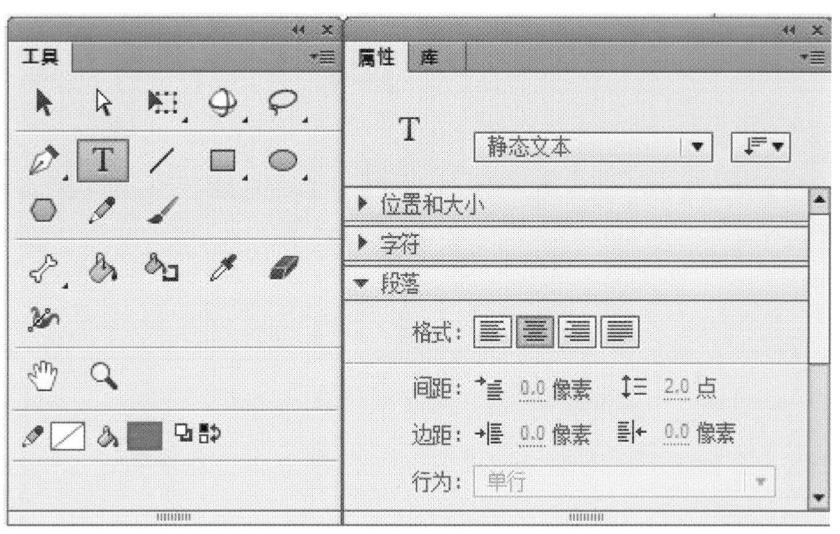

图 4-10　设置【格式】

第二节　编辑 Flash 文本

一、设置文本属性

选择工具箱中的【文本工具】，Flash CC 界面中的【属性】面板即会出现相应的文本属性设置，在【文本工具】的【属性】面板中可以设置文本的字体、大小和颜色等文本属性。

【示例 4】设置字符属性。

【字符】属性设置包括对字体的【系列】、【样式】、【大小】、【嵌入方式】、【字距】和【颜色】等属性进行设置。

新建空白文档并输入文字，双击鼠标左键选择文本框并选中文字；在【属性】面板中展开【字符】选项，在【系列】下拉列表中选择【宋体】选项，此时设置字符属性操作完成。而在 Flash CC 中，设置文字【颜色】属性时，只能使用纯色，而不能使用渐变色，只有将文字转换成线条或填充时，才能使用渐变色进行设置，如图 4-11 所示。

图 4-11　设置【字符】属性

【示例 5】设置段落属性。

【段落】属性主要是对段落文本的【格式】、【间距】、【边距】等属性进行设置，也包括对动态文本和输入文本换行操作的设置。

新建空白文档并输入一段文字，单击文本框，在【属性】面板中展开【段落】选项等，对【段落】属性进行设置。在 Flash CC 中，【段落】属性选项包括以下内容。

【缩进】选项：用来调整段落文本的首行缩进。

【行距】选项：用来调整段落文本的行距。

【左边距】选项：用来调整段落文本的左侧间隙。

【右边距】选项：用来调整段落文本的右侧间隙。

用户可以根据需要进行设置，如图 4-12 所示。

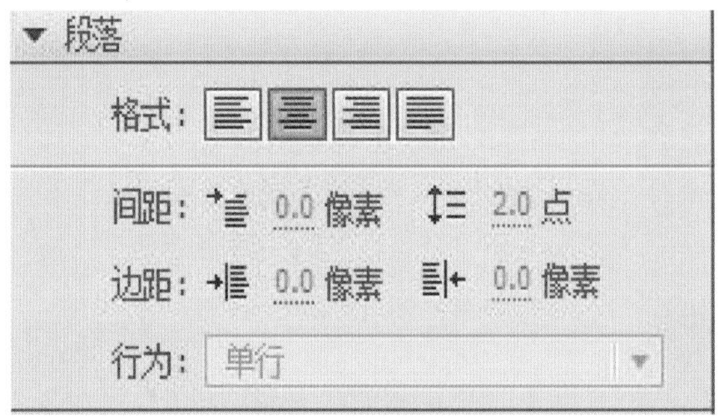

图 4-12 段落属性

【示例 6】设置文本框的位置和大小。

在 Flash CC 中，完成文本输入后，可对选中的文本框位置和大小进行设置。操作方法如下：在 Flash CC 工作区选中要设置的文本框，点击【属性】面板的【位置和大小】区域中设置【X】与【Y】值，进行位置设置操作或是大小设置操作，如图 4-13 所示。

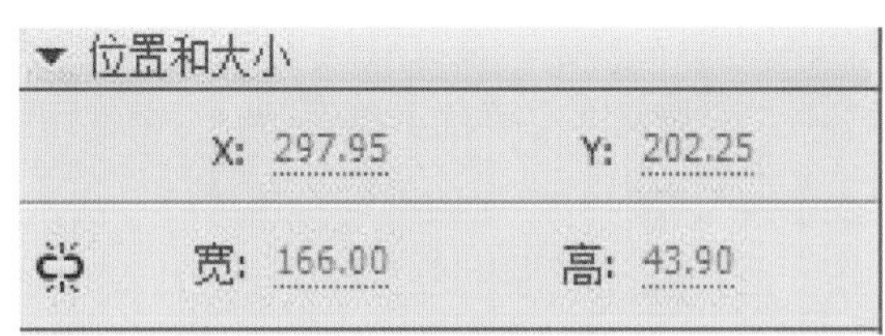

图 4-13 【位置和大小】区域

二、选择 Flash 文本

在 Flash CC 中，可以通过选择工具对文本进行选择和移动操作。

【示例 7】选择 Flash 中的文本。

在 Flash CC 工作区的【工具】面板中单击【选择工具】按钮，当鼠标指针变为“十”字形状时，单击并拖动鼠标移至合适位置，释放鼠标，选择文本操作完成，如图 4-14 所示。

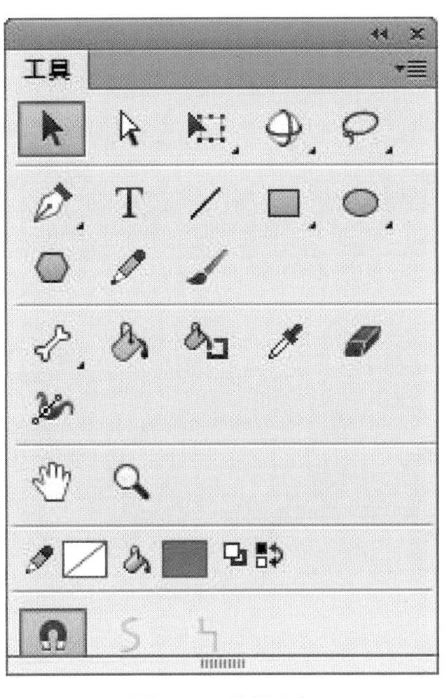

图 4-14　选择文本

三、分离文本

在 Flash 动画设计过程中，经常需要对文本进行修改，例如将文本转换为矢量图形或是为文本添加渐变色等。Flash 中的文本是比较特殊的矢量对象，不能对其直接进行渐变色填充、绘制边框路径等针对矢量图形的操作，也不能制作改变形状的动画，所以首先要对文本进行“分离”操作。“分离”的作用是把文本转换为可编辑状态的矢量图形。虽然可以将文本转换为矢量图形，但这个过程不可逆转，不能将矢量图形转换成单个的文本。

【示例 8】分离 Flash 中的文本。

（1）选择工具箱中的【文本工具】，在【舞台】中输入文本内容，如图 4-15 所示。

图 4-15　在【舞台】中输入文本内容

（2）执行【修改】→【分离】命令，原来的单个文本框会被拆分成数个文本框，其中的每一个字符占一个文本框。此时每一个字符都可以单独使用【文本工具】进行编辑，如图 4-16 所示。

（3）选择所有文本，继续执行【修改】→【分离】命令，这时所有的文本将会转换为网格状的可编辑状态，如图 4-17 所示。

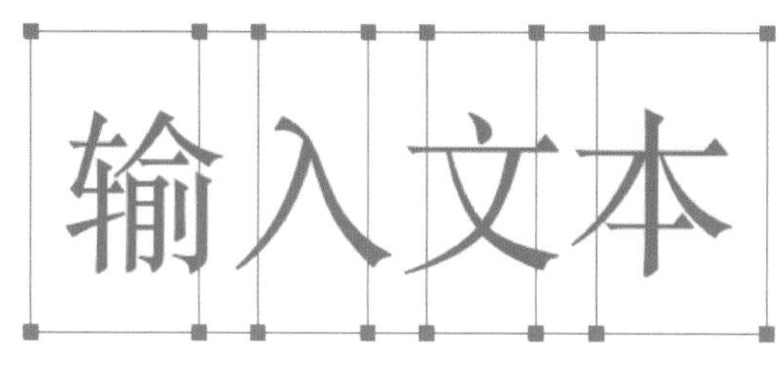

图 4-16　拆分文本框

图 4-17　网格状的可编辑状态

（4）文本转换为矢量图形后，就可以对其进行路径编辑、填充渐变色、添加边框路径等操作。

①编辑文本路径。将文本转换为矢量图形后，使用工具箱中的【部分选取】工具对文本的路径点进行编辑，改变文本形状，如图 4-18 所示。

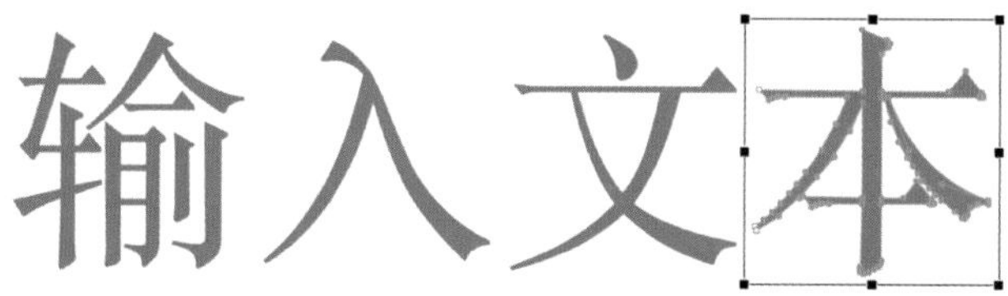

图 4-18　编辑文本路径

②填充渐变色。将文本转换为矢量图形后，在【颜色】面板中为文本设置渐变色效果，如图 4-19 所示。

图 4-19　填充渐变色

③添加边框路径。将文本转换为矢量图形后，使用工具箱中的【墨水瓶工具】给文本添加边框路径。

④编辑文本形状。将文本转换为矢量图形后，使用工具箱中的【任意变形工具】对文本进行变形操作。

四、变形 Flash 文本

对文本对象进行变形操作包括旋转、倾斜和缩放文本等操作。单击【工具】面板中的【任意变形工具】按钮并在【舞台】中选择文本对象，如图 4-20 所示。移动鼠标，当鼠标变为“十”字形状时，单击并拖动鼠标移至合适位置，释放鼠标，变形 Flash 文本操作完成，如图 4-21 所示。

图 4-20　选择文本对象

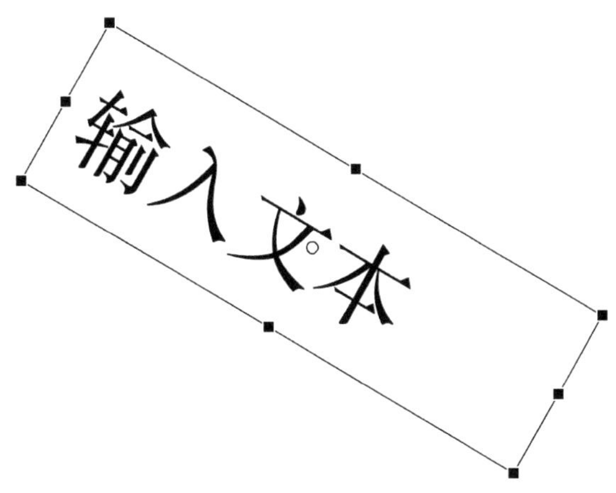

图 4-21　变形 Flash 文本

五、消除文本锯齿

在 Flash CC 中，创建的文本边缘有明显的锯齿，在【属性】面板中可以通过选择【自定义消除锯齿】、【动画消除锯齿】、【可读性消除锯齿】进行消除，来创建平滑的文本对象，如图 4-22 所示。

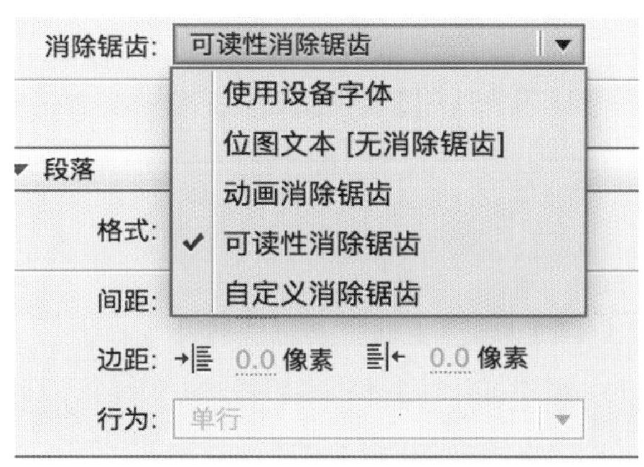

图 4-22　【消除锯齿】选项

1. 自定义消除锯齿

在工作区创建一个文本对象并选中。在【属性】面板中选择【静态文本】选项；在【清除锯齿】下拉列表中选择【自定义消除锯齿】选项，弹出【自定义消除锯齿】对话框，在【粗细】文本框中输入数值，单击【确定】按钮。返回【舞台】中可以看到文本的变化，此时则完成自定义消除锯齿的操作。

2. 动画消除锯齿

在【属性】面板中选择【动画消除锯齿】选项后，如果字体小于 10 磅，字体则不会清晰地呈现。

3. 可读性消除锯齿

在【属性】面板中选择【可读性消除锯齿】选项，可以增强字号较小的字体可读性。可读性消除锯齿使用了新的消除锯齿引擎，改进了字体的呈现效果。

六、添加文字链接

在 Flash 中为文本添加超链接，选择工作区的文本，在相应的【属性】面板中的【URL 链】文本框中输入完整的链接地址，如图 4-23 所示。

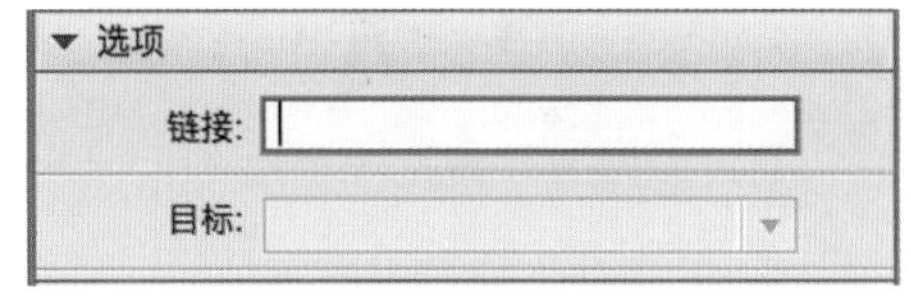

图 4-23　为文本添加超链接

当用户输入链接地址后，该文本框后面的【目标】下拉列表则会变成激活状态，用户可以在其中选择不同的选项，来控制浏览器窗口的打开方式。

七、制作上、下标文本

在工作区中，点击【工具】面板中的【文本工具】按钮，在【属性】中展开【字符】选项，点击图中按钮进入上下标文本状态，在工作区中输入文本，完成上、下标文本的制作，如图 4-24 所示。

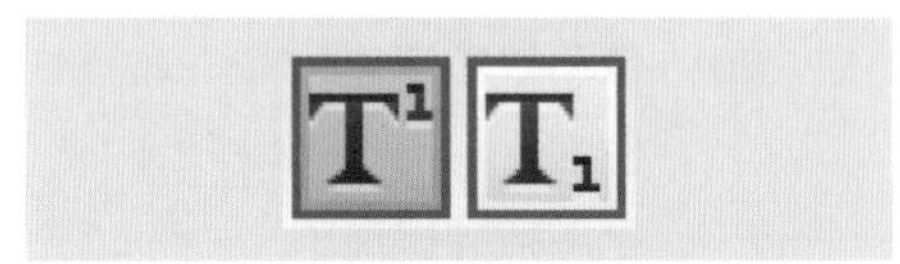

图 4-24　上、下标文本的制作

八、调整文本行间距

当输入多行文本时，用户可以对文本的段落样式进行设置，使文本更加美观。行间距是段落属性之一。【间距】包括【缩进】和【行距】两个选项。行间距选项用于设置每一行之间的距离，以点为单位，如图 4-25 所示。

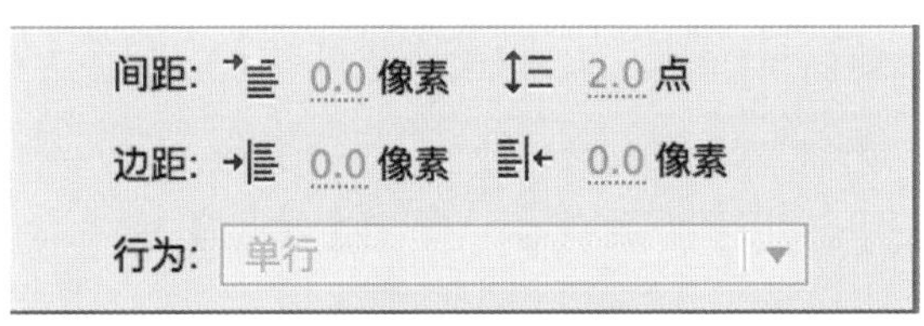

图 4-25 【间距】

第三节 添加 Flash 文本滤镜

滤镜是一种对图形对象的像素进行处理以生成特定效果的方法。使用滤镜可以制作出许多意想不到的效果，但是滤镜只能应用于文本、影片剪辑元件和按钮元件。

新建 flash 文档，在工具栏选择【文本工具】，在【舞台】输入文字。在【属性检查器】的【滤镜】部分中单击【添加滤镜】按钮，可以选择【投影】、【模糊】、【发光】、【斜角】、【渐变发光】、【渐变斜角】、【调整颜色】滤镜，如图 4-26 所示。

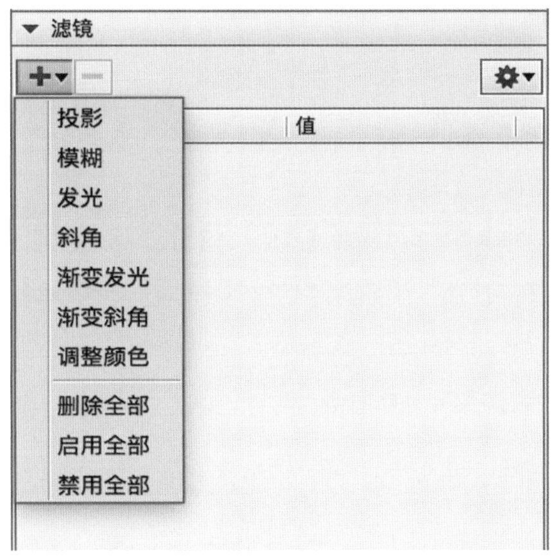

图 4-26 【添加滤镜】按钮

【示例 9】添加【投影】滤镜。

（1）调整投影的宽度和高度，则要设置【模糊 X】和【模糊 Y】值。

（2）调整阴影暗度，设置【强度】值。数值越大，阴影就越暗。

（3）选择投影的【品质】，设置为【高】则近似于高斯模糊，设置为【低】可以实现最佳的回放性能。

（4）设置阴影的【角度】，输入相应的值。

（5）调整阴影与对象之间的距离，设置【距离】值。

（6）选择【挖空】可挖空源对象，并只在挖空图像上显示投影。

（7）在对象边界内应用阴影，选择【内阴影】。

（8）隐藏对象并只显示其阴影，选择【隐藏对象】。使用【隐藏对象】可以更轻松地创建逼真的阴影。

（9）打开颜色选择器并设置阴影颜色，单击【颜色】控件。

【投影】滤镜的设置如图 4-27 所示。

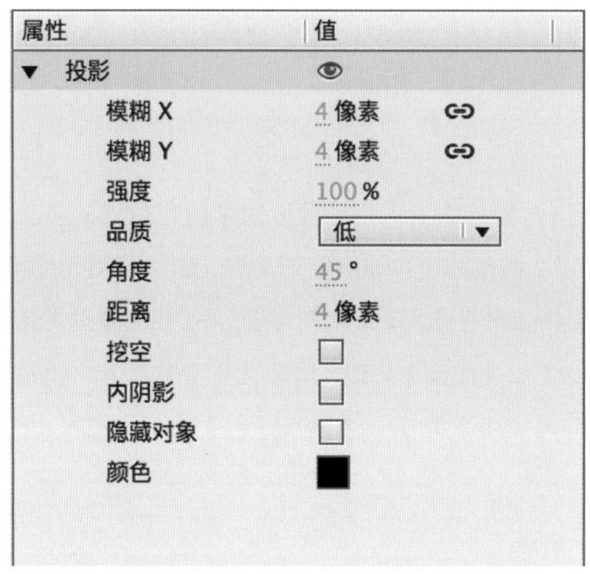

图 4-27 【投影】滤镜的设置

【示例 10】设置【模糊】滤镜。

（1）设置模糊的宽度和高度，设置【模糊 X】和【模糊 Y】值。

（2）选择模糊的【品质】。设置为【高】则近似于高斯模糊，设置为【低】可以实现最佳的回放性能。

【模糊】滤镜的设置如图 4-28 所示。

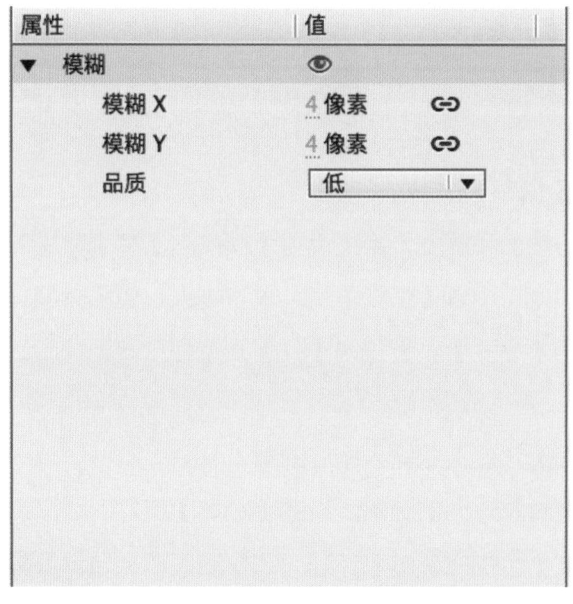

图 4-28 【模糊】滤镜

【示例 11】设置【发光】滤镜。

（1）设置发光的宽度和高度，设置【模糊 X】和【模糊 Y】值。

（2）打开颜色选择器并设置发光颜色，单击【颜色】控件。

（3）设置发光的清晰度，设置【强度】值。

（4）挖空源对象并在挖空图像上只显示发光，选择【挖空】。

【发光】滤镜的设置如图 4-29 所示。

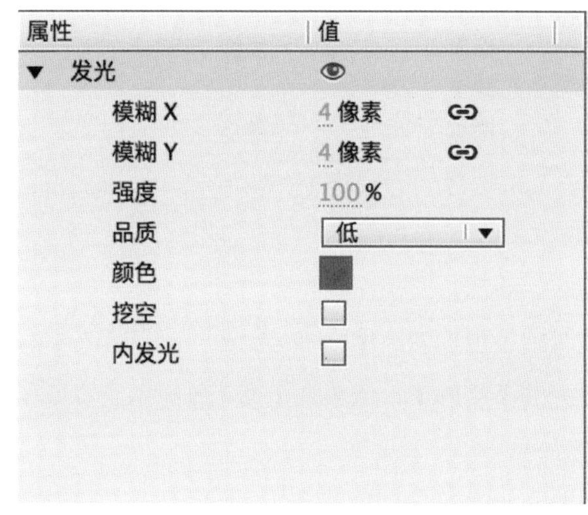

图 4-29　【发光】滤镜的设置

【示例 12】设置【斜角】滤镜。

（1）设置斜角的类型，从【类型】菜单中选择一个斜角。

（2）设置斜角的宽度和高度，设置【模糊 X】和【模糊 Y】值。

（3）在弹出的调色板中，选择斜角的阴影和加亮颜色。

（4）设置斜角的不透明度而不影响其宽度，设置【强度】值。

（5）更改斜边投下的阴影角度，设置【角度】值。

（6）定义斜角的宽度，在【距离】中输入相应的值。

（7）挖空源对象并在挖空图像上只显示斜角，选择【挖空】。

【斜角】滤镜的设置如图 4-30 所示。

【示例 13】设置【渐变发光】滤镜。

（1）在【类型】弹出菜单中，选择为对象应用的发光类型。

（2）设置发光的宽度和高度，设置【模糊 X】和【模糊 Y】值。

（3）设置发光的不透明度而不影响其宽度，设置【强度】值。

（4）更改发光投下的阴影角度，设置【角度】值。

（5）设置阴影与对象之间的距离，设置【距离】值。

（6）挖空源对象并在挖空图像上只显示渐变发光，请选择【挖空】。

（7）指定发光的渐变颜色，渐变包含两种或多种可相互淡入或混合的颜色。

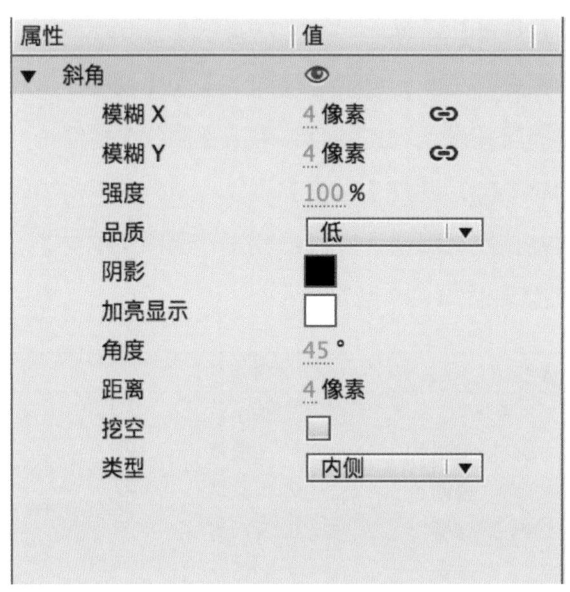

图 4-30 【斜角】滤镜的设置

（8）选择的渐变开始颜色称为 Alpha 颜色。

（9）选择渐变发光的【品质】，设置为【高】则近似于高斯模糊，设置为【低】可以实现最佳的回放性能。

【渐变发光】滤镜的设置如图 4-31 所示。

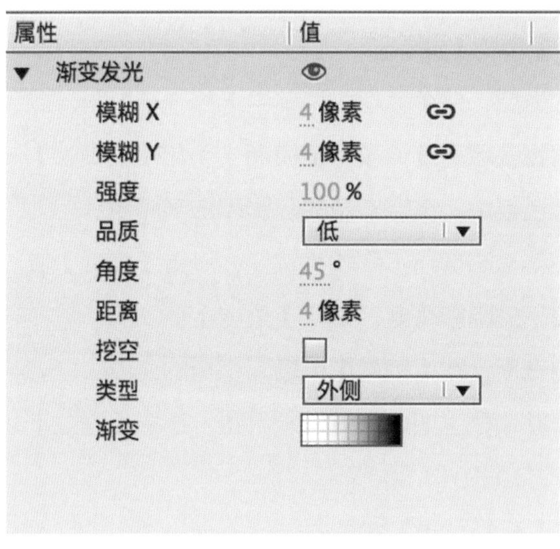

图 4-31 【渐变发光】滤镜的设置

【示例 14】设置【渐变斜角】滤镜。

（1）在【类型】弹出菜单上，选择要为对象应用的斜角类型。

（2）设置斜角的宽度和高度，设置【模糊 X】和【模糊 Y】值。

（3）影响斜角的平滑度而不影响其宽度，在【强度】栏输入相应的数值。

（4）设置光源的角度，在【角度】栏输入相应的数值。

（5）挖空源对象并在挖空图像上只显示渐变斜角，选择【挖空】。

（6）指定斜角的渐变颜色，渐变包含两种或多种可相互淡入或混合的颜色。中间的指针控制渐变的 Alpha 颜色，可以更改 Alpha 指针的颜色，但是无法更改该颜色在渐变中的位置。

【渐变斜角】滤镜的设置如图 4-32 所示。

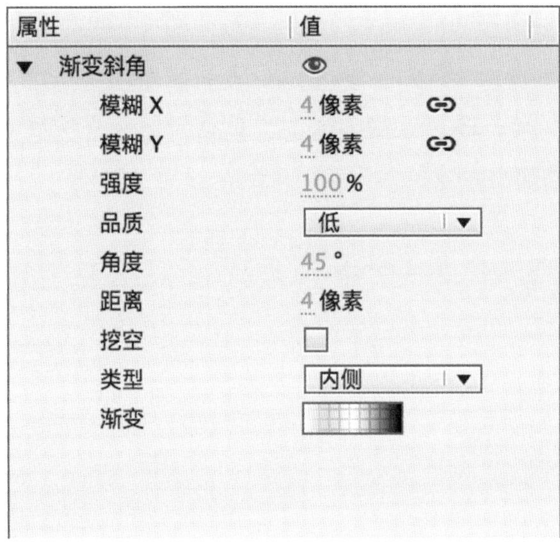

图 4-32　【渐变斜角】滤镜的设置

【示例 15】设置【调整颜色】滤镜。

为颜色属性输入值，如图 4-33 所示，属性及其对应值如下。

（1）【亮度】调整图像的亮度。

（2）【对比度】调整图像的加亮、阴影及中调。

（3）【饱和度】调整颜色的强度。

（4）【色相】调整颜色的深浅。

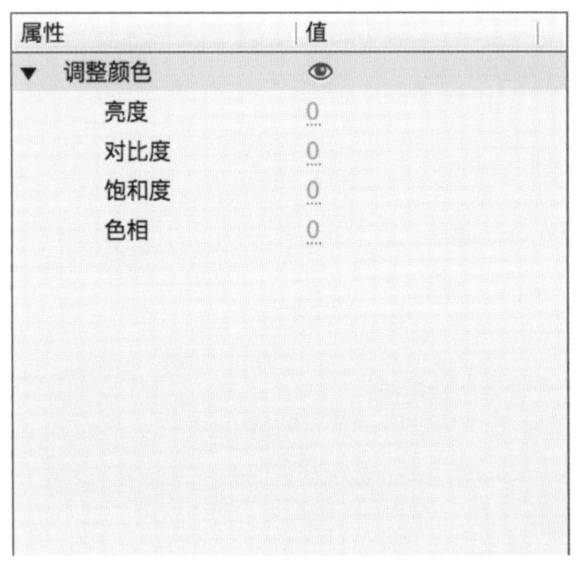

图 4-33　【调整颜色】滤镜的设置

本 / 章 / 小 / 结

本章重点介绍了 Flash 文本对象的创建和编辑，以及添加 Flash 文本滤镜的方法。通过本章的学习，用户可以学会创建和编辑 Flash 文本对象，添加文本滤镜，为接下来的学习打下基础。

思考与练习

1. 如何创建 Flash 文本对象？

2. 如何分离 Flash 中的文本？

3. 如何对文本对象进行变形处理？

4. 在 Flash 中，如何为文本添加超链接？

5. 创建一个 Flash 文本对象并添加【发光】滤镜。

第五章

使用 Flash 元件、实例和库

重点概念：

1. 了解元件和实例的基本概念。
2. 掌握创建和使用不同类型的 Flash 元件的方法。
3. 掌握实例的使用方法。
4. 掌握库资源的使用方法。

章节导读

元件、实例和库是创建 Flash 动画的重要内容之一。元件是指在 Flash 中创建的图形、按钮或影片剪辑，它可以在影片中重复使用；实例是元件在舞台上的一次具体使用，重复使用实例不会增加文件的大小，因此在制作 Flash 动画时，应尽量使用实例。库是 Flash 中存放和管理元件的场所。使用库可以减少动画制作中的重复制作并且可以减小文件的体积，在 Flash 制作过程中，用户应有调用库的意识，养成使用库面板的习惯。

第一节　使用 Flash 元件

元件即在 Flash 元件库中存放的各种图形、动画、按钮或者引入的声音和视频文件。创建元件具有以下功能。

（1）使用元件在很大程度上减小了文件的体积，反复调用相同的元件不会增加文件量。

（2）将多个分离的图形素材合并成一个元件后，需要的存储空间远远小于单独存储时占用的空间。

（3）创建元件可以简化影片的编辑，在影片制作过程中可以把多次重复使用的素材转换成元件，不仅可以反复调用，而且修改元件的时候所有的元件都会随之更新，不必逐一修改。

一、元件类型

Flash 元件分为图形元件、按钮元件和影片剪辑元件三种类型。不同的元件适合不同的应用情况，在创建元件时首先要选择创建元件的类型。

1. 图形元件

图形元件指静止的矢量图形或没有音效和交互的简单动画（GIF 动画），通常用于静态的图像或简单的动画，可以是矢量图形、图形、动画或声音。图形元件的时间轴和影片场景的时间轴同步运行，交互函数和声音将不会在图形元件的动画序列中起作用。

2. 按钮元件

按钮元件可以在影片中创建交互按钮，通过事件来激发它的动作。按钮元件有四种状态：弹起、指针经过、按下和点击。每种状态都可以通过图形、元件及声音来定义。当创建按钮元件时，在按钮编辑区域提供了 4 种状态帧。当用户创建了按钮后，就可以为按钮实例分配动作。

3. 影片剪辑元件

影片剪辑元件与图形元件的主要区别在于其支持 ActionScript 和声音，具有交互性，它的功能最多。影片剪辑元件自身就是一段小动画，可以包含交互控制、声音以及其他影片剪辑的实例，也可以将它放置在按钮元件的时间轴内来制作动画按钮。影片剪辑元件的时间不随创建时间轴同步运行。

二、创建元件

【示例 1】创建图形元件。

在 Flash CC 中，图形元件主要用于创建动画中的静态图像或动画片段，图形元件与主时间轴同步进行，但交互式控件和声音在图形元件动画序列中不起任何作用。

（1）执行【插入】→【新建元件】命令，弹出【创建新元件】对话框，在【名称】文本框中输入新元件名称。

（2）在【类型】下拉列表框中选择【图形】选项，单击【确定】按钮，如图 5-1 所示。

（3）执行【文件】→【导入】命令，选择【导入到舞台】菜单项，弹出【导入】对话框，弹出要导入的文件，单击【打开】按钮。此时【库】面板中显示已创建的图形元件。

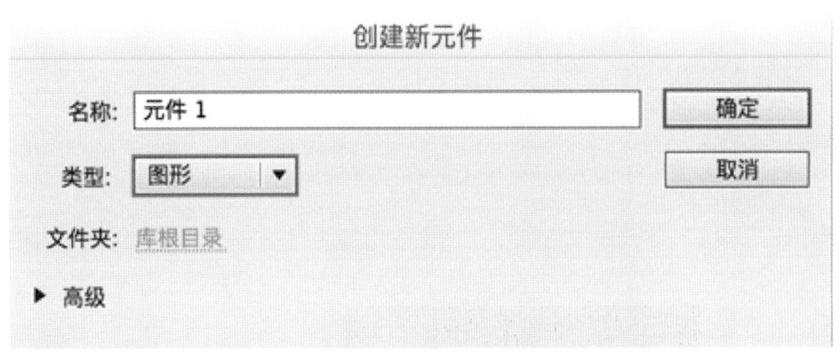

图 5-1　创建图形对话框

【示例 2】创建影片剪辑元件。

影片剪辑元件用于创建可以重复使用的动画片段，它类似于一个小动画，有自己的时间轴并独立于主时间播放。

（1）执行【插入】→【新建元件】命令，弹出【创建新元件】对话框，在【名称】文本框中输入元件名称，并在【类型】下拉列表中选择【影片剪辑】选项，单击【确定】按钮，如图 5-2 所示。

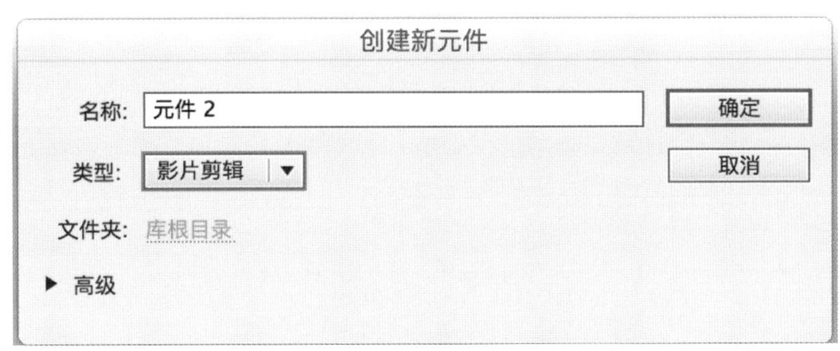

图 5-2　创建影片剪辑对话框

（2）在【舞台】中使用【椭圆形工具】绘制一个椭圆形，在时间轴面板上选中第 15 帧并插入一个关键帧，如图 5-3 所示。

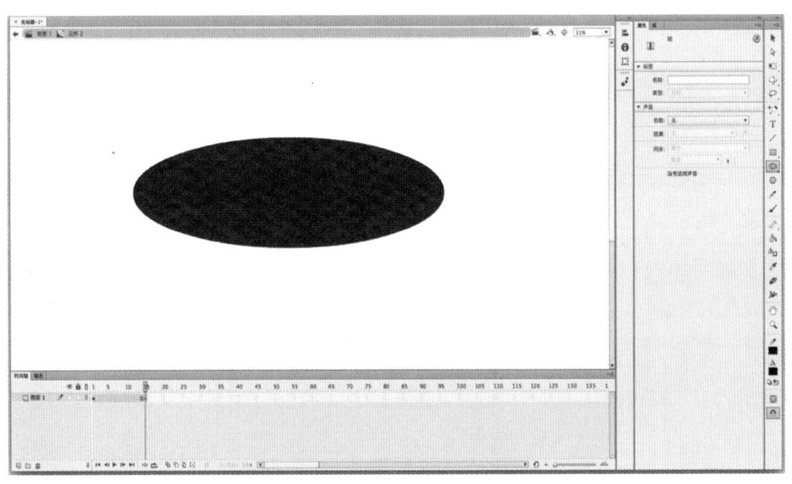

图 5-3　使用【椭圆形工具】

（3）将绘制的椭圆形删除，单击【矩形工具】在【舞台】上绘制一个矩形，如图5-4所示。

图 5-4 【矩形工具】

（4）右击第1～15帧中任意一帧，在弹出的快捷菜单中选择【创建补间形状】选项，如图5-5所示。

（5）【库】面板如图5-6所示，单击【播放】按钮进行操作。

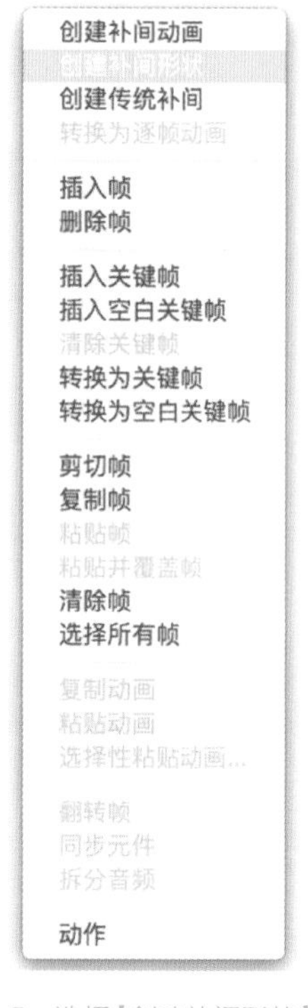

图 5-5 选择【创建补间形状】选项

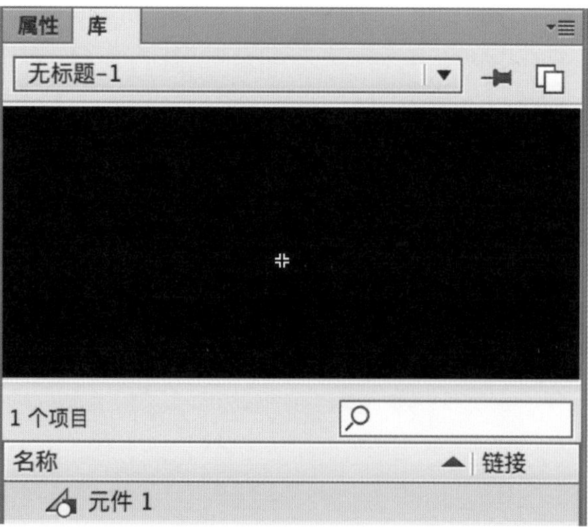

图 5-6 单击【播放】按钮

（6）播放影片剪辑元件，完成操作，如图 5-7 所示。

图 5-7　播放影片剪辑元件

【示例 3】创建按钮元件。

按钮元件实际上是四帧的交互影片剪辑，前三帧显示按钮的三种状态，第四帧定义按钮的活动区域，是对指针运动和动作作出反应并跳转到相应的帧。

（1）执行【插入】→【新建元件】命令，弹出【创建新元件】对话框，在【名称】文本框中输入元件名称，并在【类型】下拉列表框中选择【按钮】选项，单击【确定】，如图 5-8 所示。

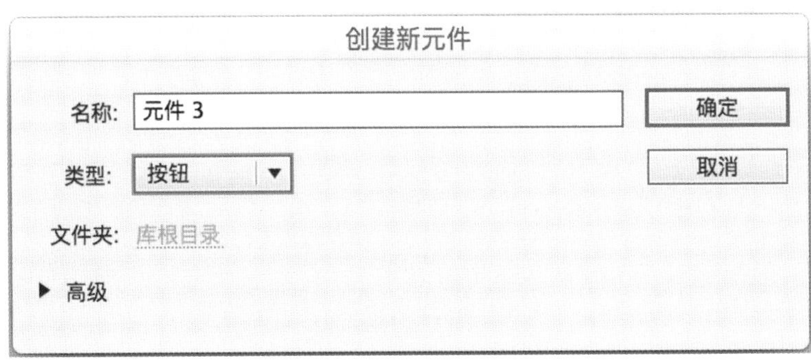

图 5-8　创建按钮对话框

（2）在【时间轴】面板中，单击【弹起】帧，如图 5-9 所示。

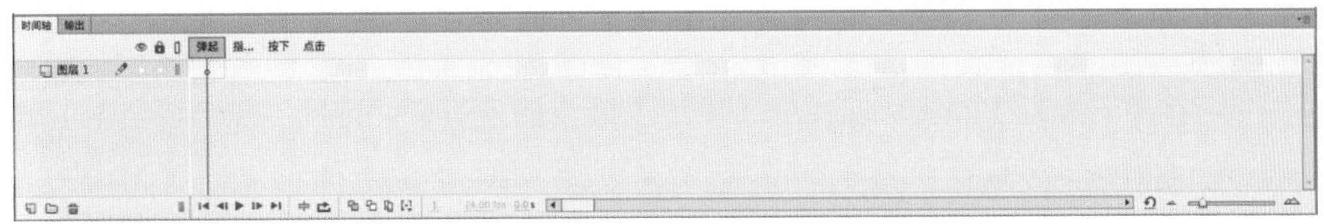

图 5-9　【弹起】帧

（3）在【舞台】中绘制一个图形并添加文字，如图 5-10 所示。

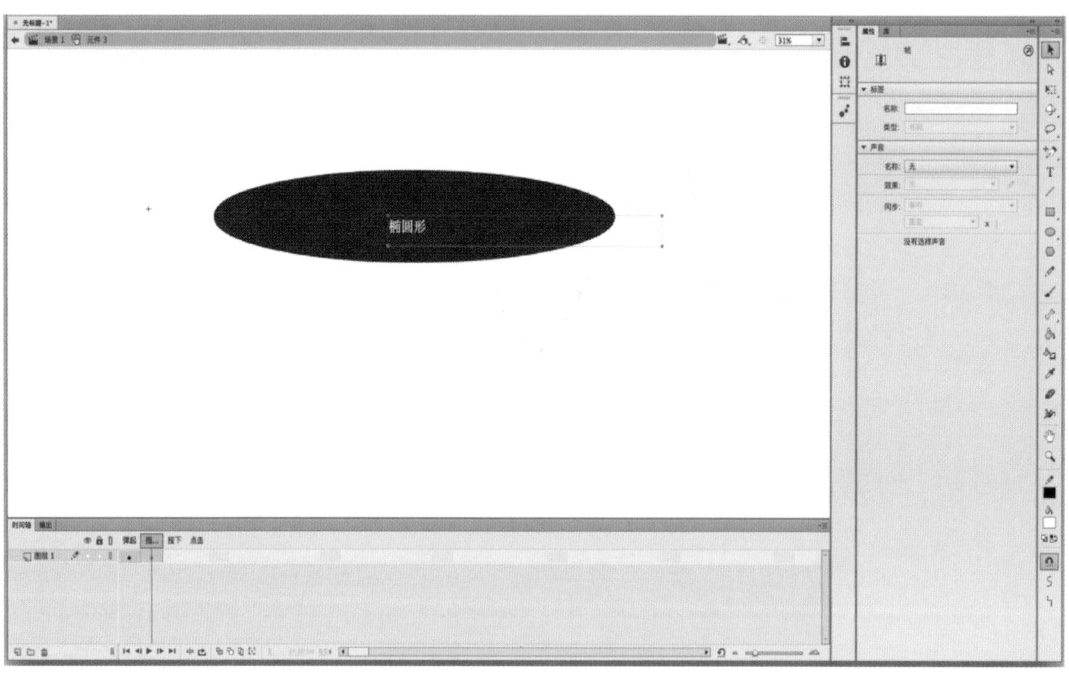

图 5-10　绘制一个图形并添加文字

（4）在【时间轴】面板中，单击【指针经过】帧，插入一个关键帧，在【舞台】中改变绘制图形的颜色，如图 5-11 所示。

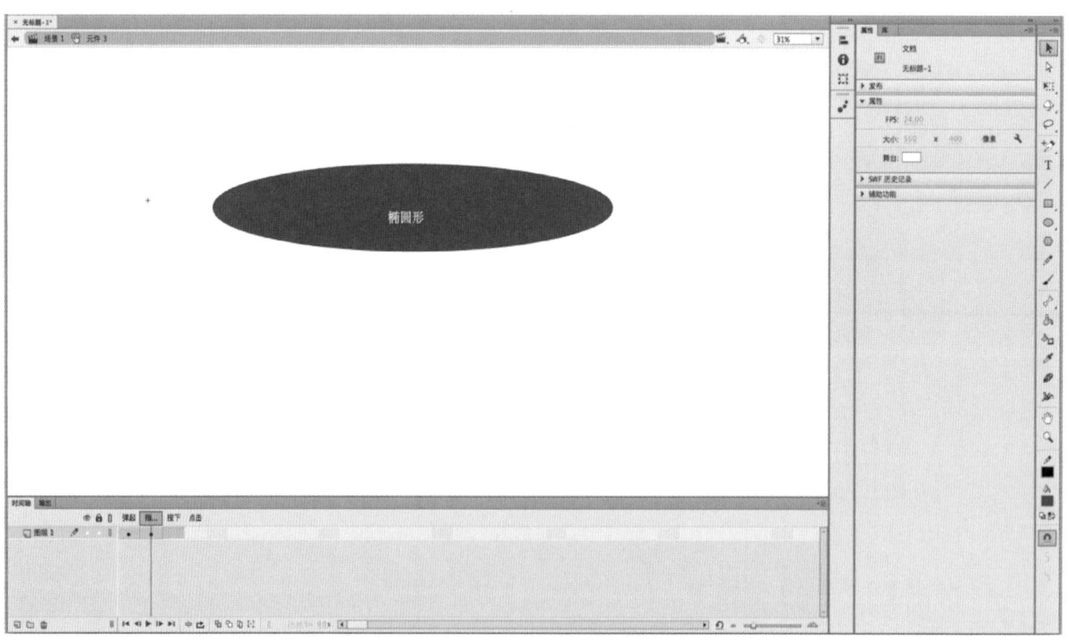

图 5-11　插入一个关键帧

（5）在【时间轴】面板中，单击【按下】帧，插入一个关键帧，在【舞台】上删除两个文字，如图 5-12 所示。

（6）此时在【库】面板中显示了新创建的按钮元件，完成操作，如图 5-13 所示。

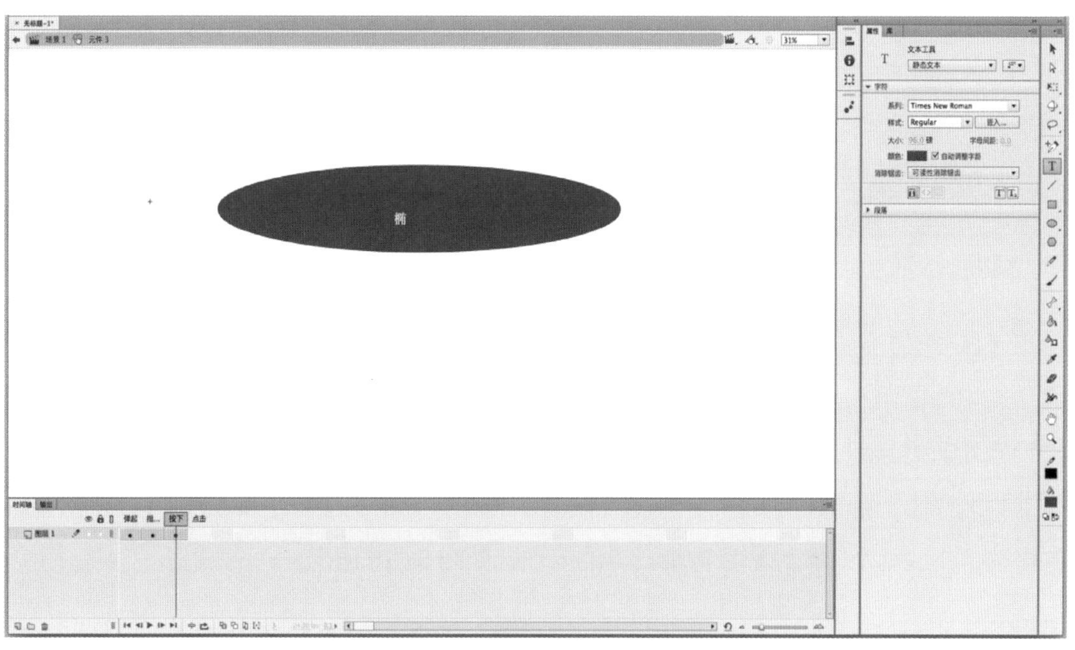

图 5-12　在【舞台】上删除两个文字

图 5-13　在【库】面板中显示了新创建的按钮元件

三、转换元件

【示例 4】舞台元素转换为元件。

在 Flash CC 中可以将【舞台】中一个或多个元素转换为元件，例如文字、图形等。

操作方法：在工作区中选中【舞台】中的图形，执行【修改】→【转换为元件】命令，弹出【转换为元件】对话框，在【名称】文本框中输入准备使用的元件名称，在【类型】下拉列表框中选择【图形】选项，单击【确定】按钮，完成元素转换为元件的操作，如图 5-14 所示。

图 5-14　舞台元素转换为元件

【示例 5】动画转换为影片剪辑元件。

在工作区中选中【舞台】中的图形，执行【修改】→【转换为元件】命令，弹出【转换为元件】对话框，在【名称】文本框中输入准备使用的元件名称，在【类型】下拉列表框中选择【影片剪辑】选项，单击【确定】按钮，此时在【库】面板中可看到刚转换的图标，完成动画转换为影片剪辑元件的操作，如图 5-15 所示。

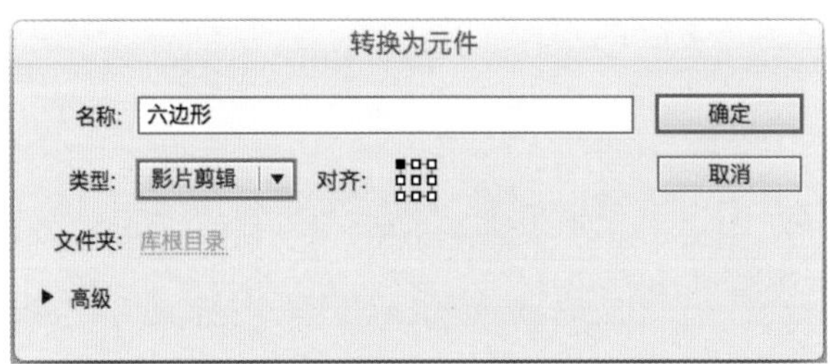

图 5-15　动画转换为影片剪辑元件

四、复制元件

【示例 6】复制元件。

（1）创建一个元件，执行【窗口】→【库】命令，自动弹出【库】面板，如图 5-16 所示。

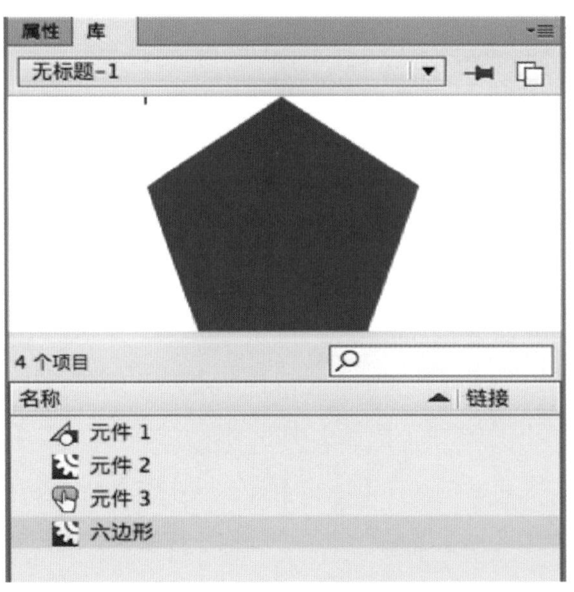

图 5-16　弹出【库】面板

（2）在图形元件上点击鼠标右键，在弹出的快捷菜单中选择【直接复制元件】选项，如图 5-17 所示。

图 5-17 选择【直接复制元件】选项

（3）打开【直接复制元件】对话框，在【名称】文本框输入复制元件的名称，点击【确定】关闭对话框，完成复制元件的操作，如图 5-18 所示。

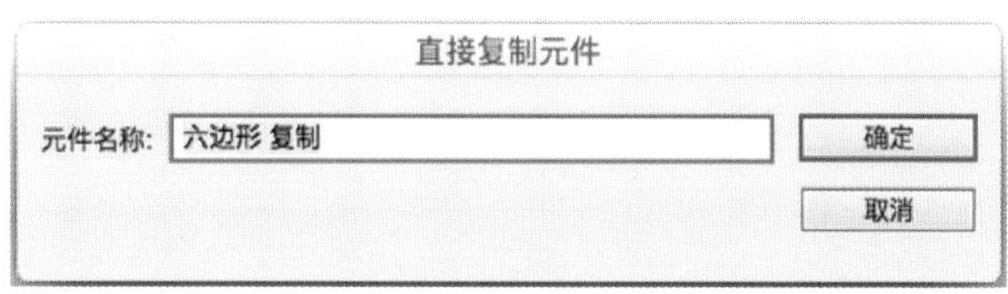

图 5-18 【直接复制元件】对话框

五、编辑元件

【示例 7】当前位置编辑元件。

使用在当前位置编辑元件方式时，其他元件以灰色显示的状态出现，正在编辑的元件名称出现在编辑栏左侧场景名称的右侧。

操作方法：在工作区的【舞台】中选中要编辑的元件，执行【编辑】→【在当前位置编辑】命令，如图 5-19 所示。此时正在编辑的元件名称出现在场景名称的右侧。

【示例 8】在新窗口中编辑元件。

使用【在新窗口中编辑】时，Flash 会为元件新建一个编辑窗口，元件名称显示在编辑栏里。

操作步骤如下。

（1）在【舞台】中，在要编辑的元件上单击鼠标右键，在弹出的快捷菜单中选择【在新窗口中编辑】菜单项，如图 5-20 所示。

撤消更改选择 ⌘Z
重复移动 ⌘Y
剪切 ⌘X
复制 ⌘C
粘贴到中心位置 ⌘V
粘贴到当前位置 ⇧⌘V
清除 ⌫
直接复制 ⌘D
全选 ⌘A
取消全选 ⇧⌘A
反转选区
查找和替换 ⌘F
查找下一个 F3
时间轴 ▶
编辑元件 ⌘E
编辑所选项目
在当前位置编辑

图 5-19 【在当前位置编辑】命令

图 5-20 【在新窗口中编辑】菜单项

（2）此时 Flash 已为元件新建一个编辑窗口，正在编辑的元件名称出现在编辑栏中，如图 5-21 所示。

【示例 9】在元件的编辑模式下编辑元件。

在工作区的【舞台】中选中要编辑的元件，执行【编辑】→【编辑元件】命令，如图 5-22 所示。此时正在编辑的元件名称出现在场景名称的右侧。

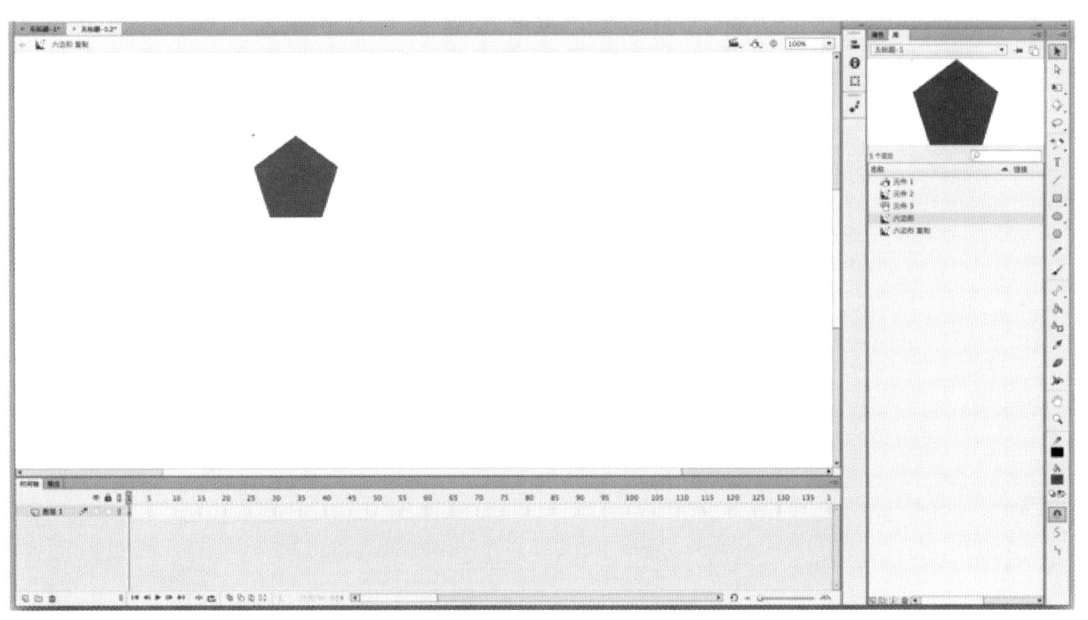

图 5-21　正在编辑的元件名称出现在编辑栏中

撤消更改选择	⌘Z
重做进入编辑模式	⌘Y
剪切	⌘X
复制	⌘C
粘贴到中心位置	⌘V
粘贴到当前位置	⇧⌘V
清除	⌫
直接复制	⌘D
全选	⌘A
取消全选	⇧⌘A
反转选区	
查找和替换	⌘F
查找下一个	F3
时间轴	▶
编辑元件	⌘E
编辑所选项目	
在当前位置编辑	

图 5-22　【编辑元件】命令

第二节　使 用 实 例

创建元件后可以在文档中的任何地方，包括元件内创建该元件的实例，当修改元件时也会更新元件的所有实例。

一、创建实例

在当前场景中选择放置实例的图层，Flash 会把实例放在当前层的关键帧中。执行【窗口】→【库】命令，在打开的【库】面板中可以看到所有元件，选择其中需要用的元件，将元件从【库】面板中拖曳到舞台中，创建元件的实例，如图 5-23 所示。

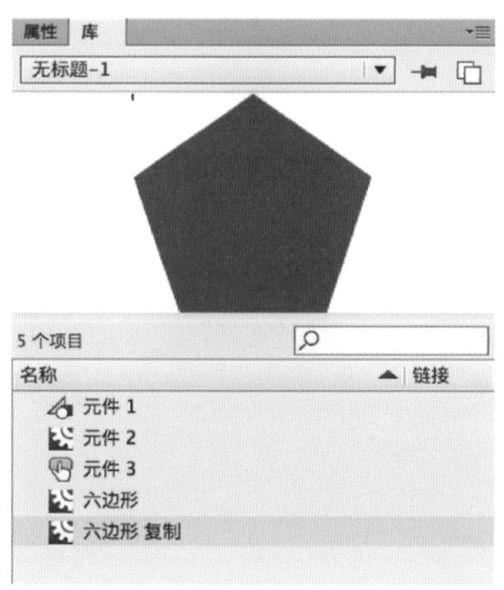

图 5-23 创建元件实例

二、变换实例

在【工具】面板中可以对实例进行大小和形状属性的更改，在【工作】面板中，单击【任意变形工具】按钮，即可在舞台上对元件的形状与大小进行变换，如图 5-24 所示。

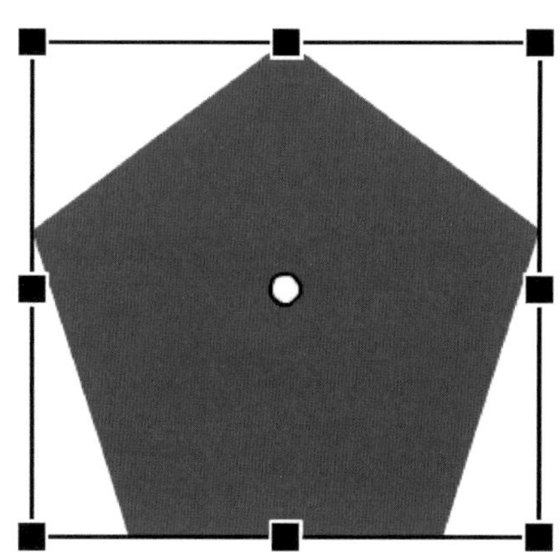

图 5-24 在舞台上对元件的形状与大小进行变换

三、改变实例类型

【示例 10】替换实例引用的元件。

在应用实例时，可以改变实例类型，替换实例引用的元件，使新的实例沿用原实例的属性，而不需要重新设置属性。

操作步骤如下。

（1）在工作区中选中要替换的实例，执行【修改】→【元件】命令，在弹出的子菜单中选择【交换元件】菜单项，如图 5-25 所示。

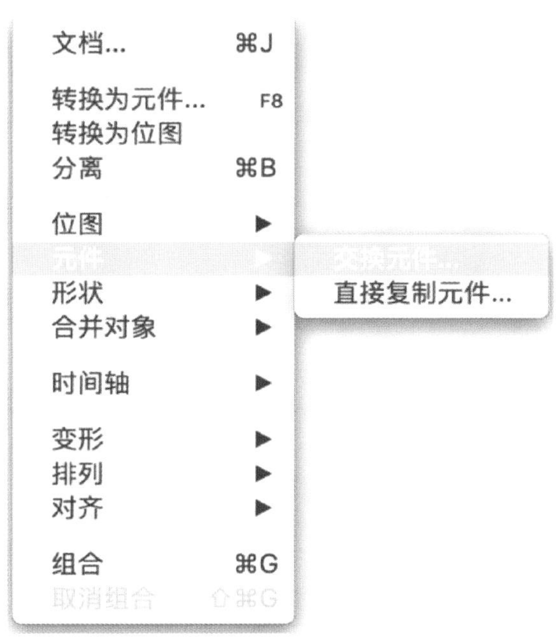

图 5-25　选择【交换元件】菜单项

（2）弹出【交换元件】对话框，选择要替换的元件，单击【确定】按钮，如图 5-26 所示。

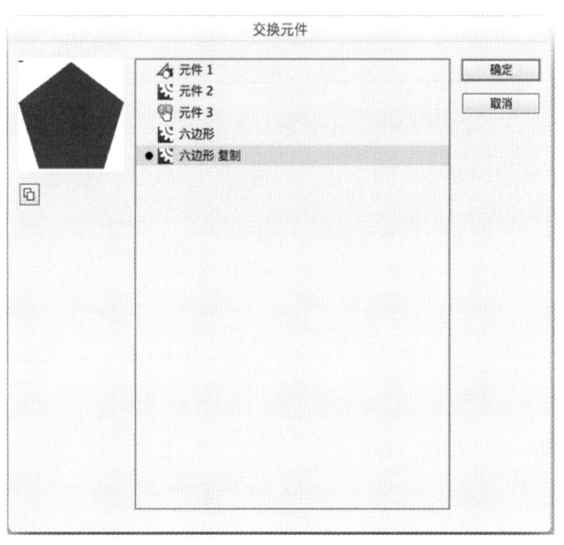

图 5-26　【交换元件】对话框

【示例 11】调用其他影片中的元件。

在实例中可以调用其他影片中的元件，以便使用更多的素材来进行动画制作。

操作步骤如下。

（1）在工作区中，执行【文件】→【导入】选项，在弹出的子菜单中选择【打开外部库】菜单项，如图 5-27 所示。

（2）弹出【打开】对话框，在文件存储的位置选择准备打开的文件，单击【Open】按钮，如图 5-28 所示。

图 5-27 【打开外部库】菜单项

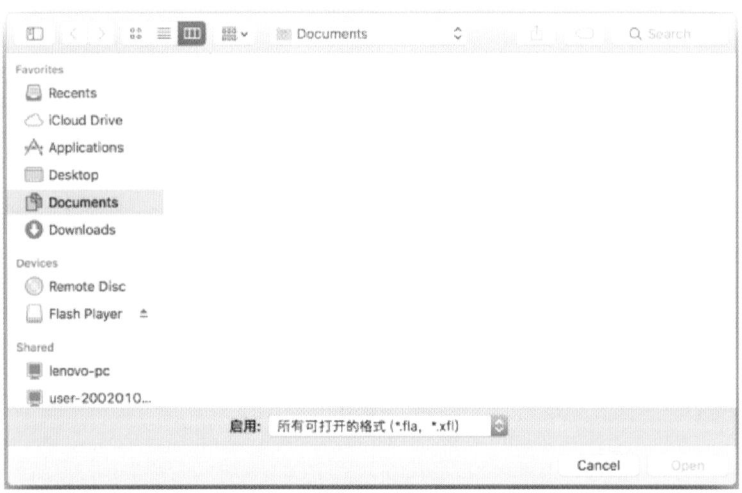

图 5-28 【打开】按钮

（3）在弹出的【按钮元件】面板中，选择准备调用的元件，将元件拖动到舞台中，完成操作。

四、分离实例

当需要对实例部分内容进行修改时，可将元件与实例进行分离。

【示例 12】将元件与实例分离。

（1）选中准备进行分离的实例，执行【修改】→【分离】命令，如图 5-29 所示。

（2）将【舞台】中的实例与【库】面板中的元件进行分离，如图 5-30 所示。

图 5-29 【分离】

图 5-30 将【舞台】中的实例与【库】面板中的元件分离

五、设置实例信息

实例创建完成后，可以修改元件实例属性，这就需要设置实例信息。这些修改设置都可以在【属性】面板中完成。首先要选择舞台中的一个实例，不同类型的元件信息属性设置会有所不同。

【示例 13】图形元件实例。

（1）选择【舞台】中一个图形元件实例，执行【窗口】→【属性】命令，弹出【属性】面板，如图 5-31 所示。

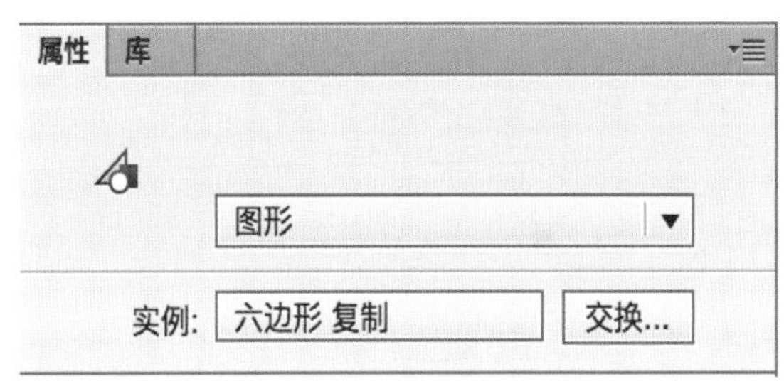

图 5-31 【属性】面板

（2）单击【交换】按钮，弹出【交换元件】对话框，可以把当前的实例更改为其他元件的实例，如图 5-32 所示。

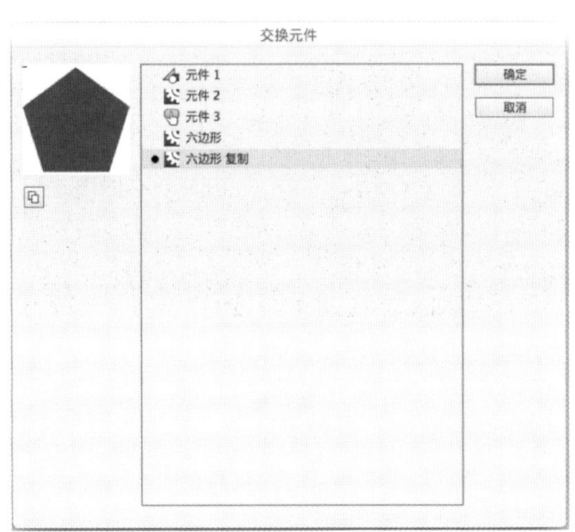

图 5-32 【交换元件】对话框

（3）在【图形选项】的下拉列表中可以设置图形元件的播放方式，如图 5-33 所示。包含选项如下。

【循环】：表示重复播放。

【播放一次】：表示只播放一次。

【单帧】：表示只能显示第一帧。

（4）在【颜色】下拉列表中设置图形元件的【色彩效果】，其中【样式】如图 5-34 所示。

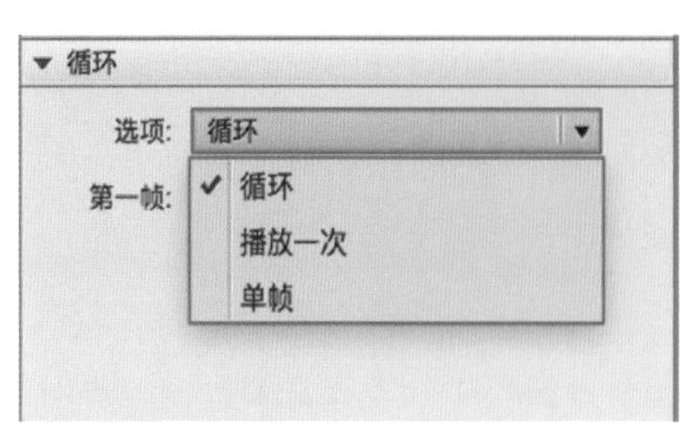

图 5-33　设置图形元件的播放方式

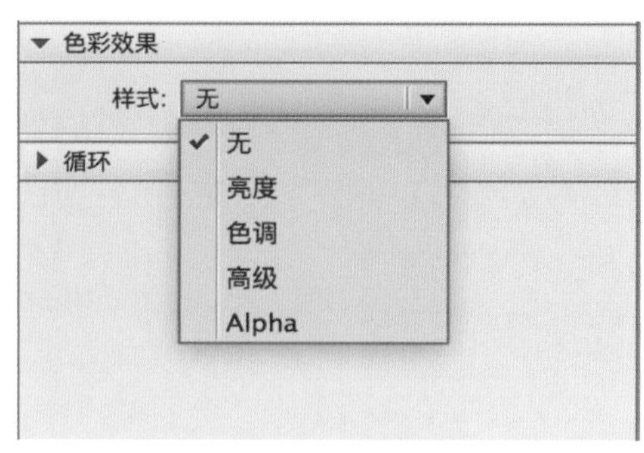

图 5-34　【样式】下拉列表

第三节　使　用　库

一、【库】面板和【库】项目

【库】面板中包括【文档列表】、【固定当前库】、【新建库面板】、【项目预览区】、【统计和搜索】、【列标题】、【项目列表】和【功能按钮】等项目，如图 5-35 所示。

【文档列表】：可直接打开按钮的列表，用于切换文档库。

图 5-35　【库】面板

【固定当前库】：用于切换文档时，【库】面板不会随着文档的改变而改变，而是固定显示指示文档。

【新建库面板】：菜单显示多个【库】面板，每个面板显示不同文档的库。

【项目预览区】：在【库】中选中一个项目，在项目浏览区中会有相应显示。

【统计和搜索】：区域左侧是一个项目计算器，用于显示当前库中所包含的项目数，在右侧文本框中输入项目关键字，快速锁定目标项目。

【列标题】：包括【名称】、【AS 链接】、【使用次数】、【类型】、【修改日期】五项信息。

【项目列表】：列出指定文档下的所有资源项目，包括插图、元件、音频等，从名称前面的图标可快速识别项目类型。

【功能按钮】：包含不同功能，单击该按钮，显示不同的功能。

二、导入对象到库

Flash CC 可以将其他程序创建的对象导入 Flash【库】中。

【示例 14】导入对象到库。

操作【导入对象到库】步骤如下。

（1）在工作区中，执行【文件】→【导入】命令，在弹出的子菜单中选择【导入到库】菜单项，如图 5-36 所示。

（2）弹出【导入到库】对话框，选择文件存储位置，选择准备打开的文件，如图 5-37 所示。

导入到舞台...	⌘R
打开外部库...	⇧⌘O
导入视频...	

图 5-36 【导入到库】

图 5-37 【导入到库】对话框

（3）单击【Open】按钮，返回到【库】面板中，即可看到该文件已经导入到【库】面板中。

三、调用库文件

当需要使用【库】面板中的文件时，只需将要使用的文件拖动到【舞台】中即可。从【库】面板中选择要调用的文件，从预览空间中拖动到【舞台】中，或者在文件列表中拖动文字至【舞台】上，即可调用库文件。

四、使用组件库

软件中附带的范例库资源成为组件，可以利用组件的按钮、影片剪辑等向文档添加按钮或声音等。

【示例 15】使用组件库。

使用组件库的操作步骤如下。

（1）在工作区中，执行【窗口】→【组件】命令，如图 5-38 所示。

（2）弹出【组件】面板，选择适合的元件，将其拖动到【舞台】中，操作完成，如图 5-39 所示。

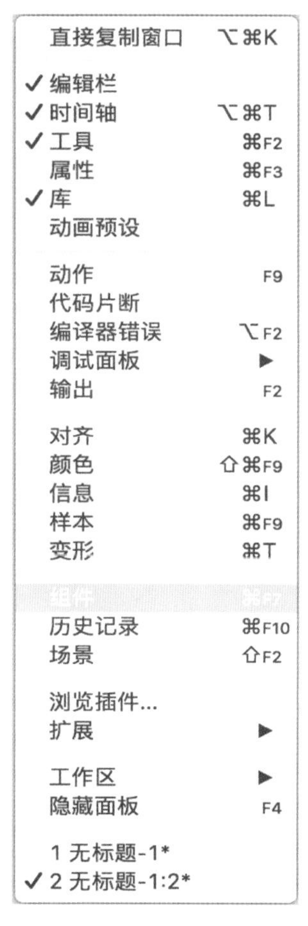

图 5-38 【组件】

图 5-39 【组件】面板

五、共享库资源

共享库资源包含两种形式：运行时共享库资源与创作期间共享库资源。二者都是基于网络传输而实现共享的，但使用的网络环境却不相同。

【示例 16】在源文档中创建共享库资源。

实现共享库资源的前提是首先在源文档中定义要共享的资源和要发布的 URL 地址。操作方法如下。

（1）在工作区中，选择要共享的元件资源并点击鼠标右键，在弹出的快捷菜单中选择【属性】菜单项，如图 5-40 所示。

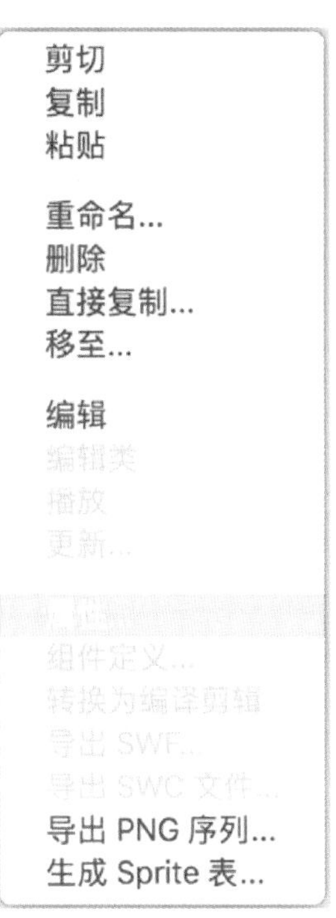

图 5-40 【属性】菜单项

（2）弹出【元件属性】对话框，如图 5-41 所示。

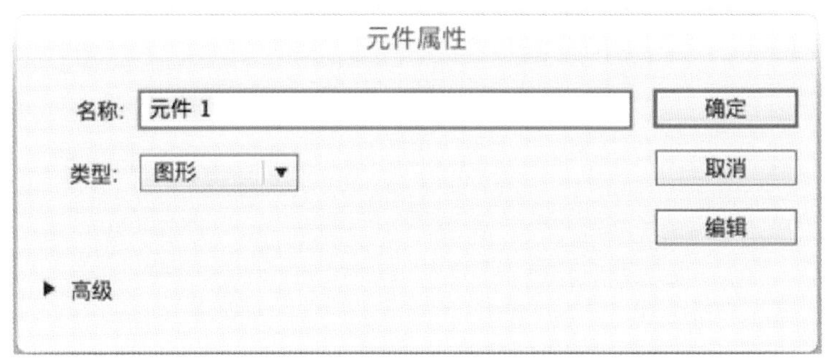

图 5-41 【元件属性】对话框

（3）展开【高级】选项，选中【启用 9 切片缩放比例辅助线】复选框，在【运行时共享库】区域选中【为运行时共享导出】复选框，在 URL 文本框中，输入资源所在的 SWF 文件所在的位置，单击【确定】按钮。

（4）弹出【ActionScript 类警告】对话框，单击【确定】按钮，完成操作，如图 5-42 所示。

【示例 17】在目标文档中使用共享库资源。

在目标文档中使用共享库资源指的是定义完成的共享库资源在任意目标文档中都可以调用。

在目标文档中使用共享库资源的操作方法如下。

（1）在工作区中，选择要共享的元件资源并点击鼠标右键，在弹出的快捷菜单中，选择【属性】菜单项，弹出【元件属性】对话框。

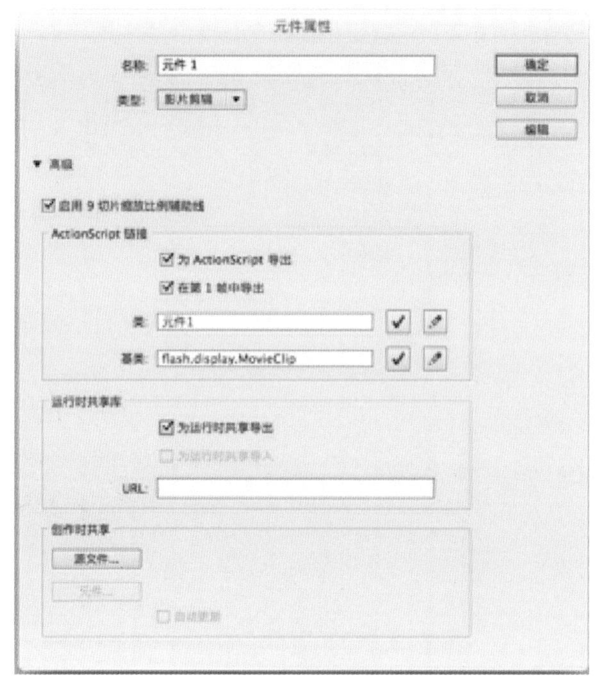

图 5-42　创建共享库资源

（2）展开【高级】选项，在【运行时共享库】区域选中【为运行时共享导入】复选框，在 URL 文本框中，输入资源所在的 SWF 文件所在的位置，单击【确定】按钮。

（3）弹出【ActionScript 类警告】对话框，单击【确定】按钮，完成操作，如图 5-43 所示。

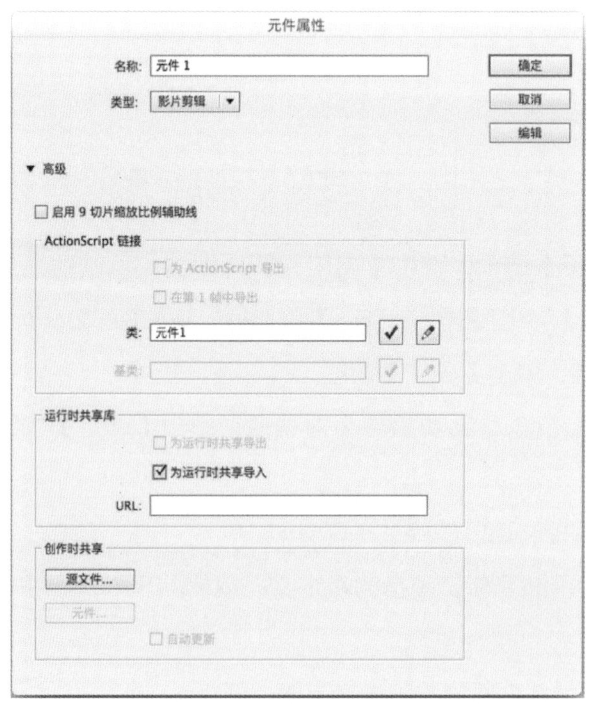

图 5-43　使用共享库资源

本／章／小／结

本章重点介绍了 Flash 元件、实例和库资源的使用。通过本章的学习，用户应了解并掌握创建不同类型 Flash 元件的方法，掌握实例和库资源的使用方法，为接下来的学习打下基础。

思考与练习

1. 什么是元件？ Flash 元件有哪些类型？各有何特点？

2. 如何创建 Flash 元件？

3. 如何编辑 Flash 元件？

4. 什么是实例？如何创建 Flash 实例？

5. 如何改变 Flash 实例类型？

6. 什么是库？如何调用库文件？

7. 如何共享库资源？

第六章
使用图片、声音和视频

重点概念：

1. 导入外部图片。
2. 使用外部声音。
3. 使用外部视频。

章节导读

在制作 Flash 动画的过程中，经常需要将已有的素材图形文件导入到当前正在制作的文件中。用户可以将这些素材导入到当前 Flash 文档的【舞台】或者【库】面板中，所有直接导入到舞台上的图形文件都会被自动添加到该文件的库中。优秀的动画作品只要画面是远远不够的，还需要为其添加适当的声音和视频。在 Flash 中，导入的声音一般作为背景声音或者是按钮添加声音，而导入视频一般多在制作多媒体课件时需要添加视频文件。

第一节　导入外部图片

一、常见的图像文件格式

在 Flash CC 中，可以导入的图片格式有 JPG、GIF、BMP、WMF、EPS、DXF、

EMF、PNG 等。在通常情况下，推荐使用矢量图形，如 WMF、EPS 等格式的文件。但是，用户在导入图像时，还应了解以下几种文件格式。

（1）PSD 格式。PSD 格式是 Photoshop 默认的文件格式，其主要特点是能够保留文件的透明背景和所有细节信息，但其文件容量较大。

（2）PNG 格式。PNG 格式是应用在网络传输中的一种文件格式，它可以保留文件的透明背景，这种格式在存储时会丢失一些细节信息，但 PNG 格式的存储容量较小。

（3）EPS 和 AI 是矢量绘图软件 Adobe Illustrator 可以导出的两种文件格式，Flash 对这两种格式都支持，但 Flash 对 EPS 的支持效果要比 AI 好。所以，建议将导入的矢量图形格式设置为 EPS 格式。

二、导入图片到舞台

【示例 1】导入位图文件到舞台。

导入位图文件到舞台的操作方法如下。

（1）在 Flash CC 中新建文档，在菜单栏中选择【文件】→【导入】→【导入到舞台】菜单项，如图 6-1 所示。

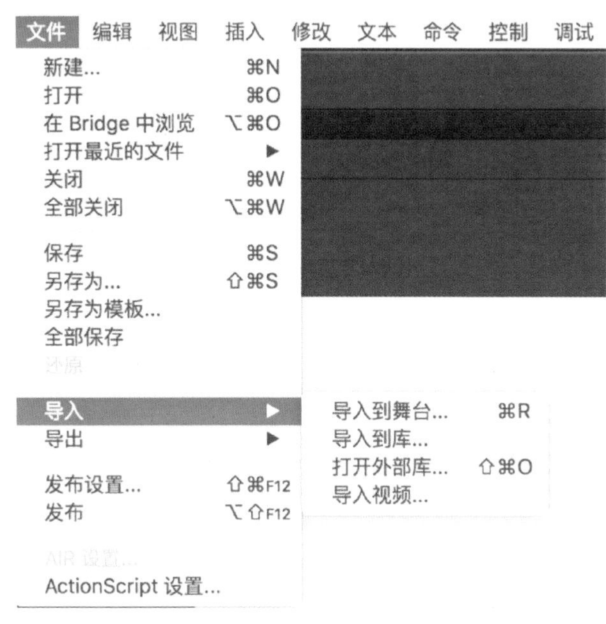

图 6-1　【导入到舞台】

（2）在【导入】对话框中，选择准备导入的图片，单击【打开】按钮。

（3）此时在【舞台】中显示位图图像，通过以上步骤即可完成在【舞台】中导入位图图像的操作。

三、导入图片到库

在菜单栏中，选择【文件】→【导入】→【导入到库】菜单项，弹出【导入到库】对话框中，选择准备导入的图片，单击【打开】按钮，即可将位图文件导入到【库】面板，如图 6–2 所示。

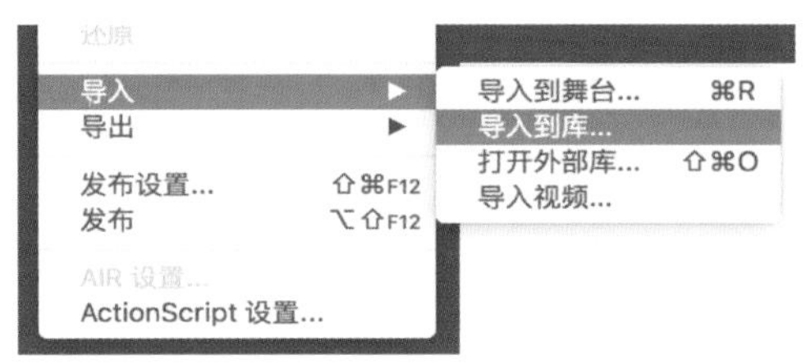

图 6–2 【导入到库】

四、将位图转换为矢量图

【示例 2】将位图转换为矢量图。

将位图转换为矢量图操作方法如下。

（1）在 Flash CC 中新建文档，在菜单栏中，选择【文件】→【导入】→【导入到舞台】菜单项，导入一张位图。

（2）选中位图，在菜单栏中选择【修改】→【位图】→【转换位图为矢量图】菜单项，如图 6–3 所示。

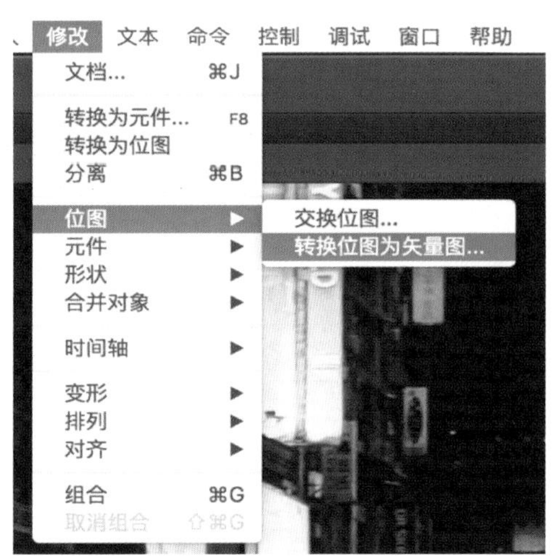

图 6–3 【转换位图为矢量图】

（3）弹出【转换位图为矢量图】对话框，设置参数，如图 6–4 所示，单击【确定】按钮，如图 6–5 所示。

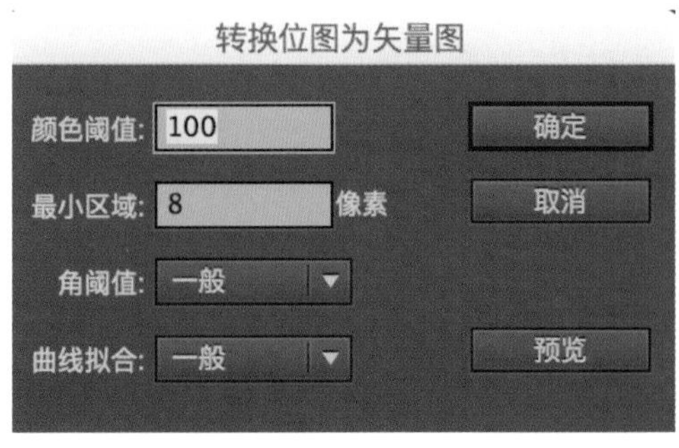

图 6–4 设置参数

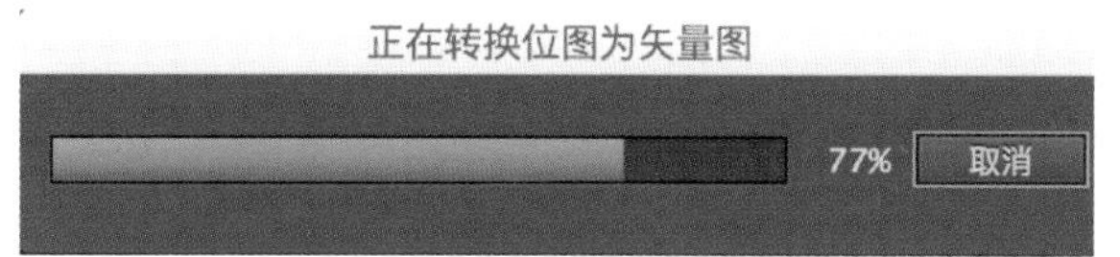

图 6-5 【正在转换位图为矢量图】

通过以上步骤即可完成将位图转换为矢量图的操作，此时的位图已经发生相应的变化。

第二节　使用外部声音

一、Flash 动画支持的声音格式

可以导入到 Flash 的声音素材主要有三种格式：MP3、WAV 和 AIFF。一般建议用户尽可能使用 MP3 格式的素材，因为 MP3 格式的素材既能够保持高保真的音效，还可以在 Flash 中得到更好的压缩效果。

在 Flash 中添加的声音最好是 16 位声音，以保持良好的音色。声音要使用大量的磁盘空间和 RAM。如果内存有限，可以考虑缩短声音或使用 8 位声音替换 16 位声音。

二、在 Flash 库中导入声音

【示例 3】在 Flash 库中导入声音。

在 Flash 库中导入声音的操作步骤如下。

（1）在 Flash CC 中新建文档，在菜单栏中，选择【文件】→【导入】→【导入到库】菜单项。

（2）弹出【导入到库】对话框，选择准备导入的音频文件，单击【打开】按钮。

（3）此时，声音文件就被导入到库中，选中库中的声音，在预览窗口就会看到声音的波形，单击并拖动声音到【舞台】中，即可在【时间轴】面板上显示声音，如图 6-6 所示。

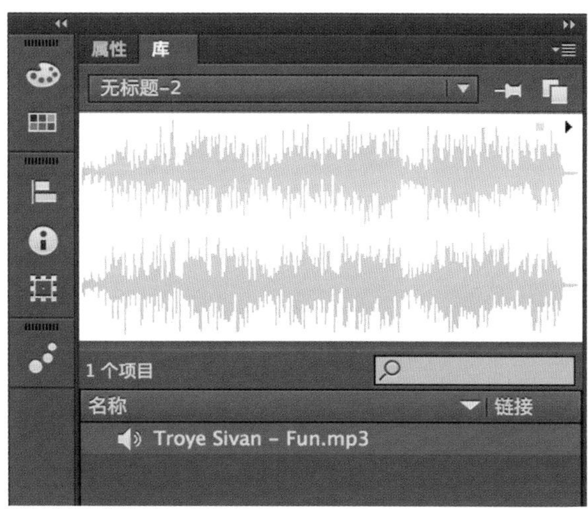

图 6-6　在【时间轴】面板上显示声音

三、为影片添加声音

在【库】面板中，将导入的声音单击并拖曳至【舞台】上，并适当增加延伸帧，即可添加声音，如图 6-7 所示。

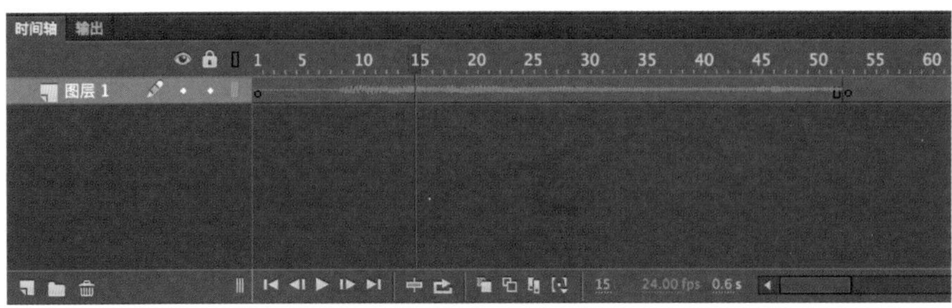

图 6-7　添加声音

四、为按钮添加声音

【示例 4】为按钮添加声音。

为按钮添加声音的操作步骤如下。

（1）在 Flash CC 中新建文档，导入一张图片，作为背景，并调整大小及位置。

（2）在菜单栏中，选择【插入】→【新建元件】菜单项。

（3）弹出【创建新元件】对话框，在【名称】文本框中，输入准备使用的名称，选择【按钮】类型，单击【确定】按钮，如图 6-8 所示。

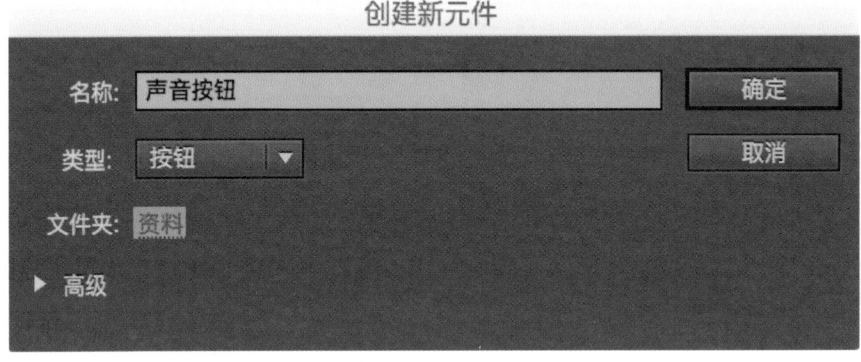

图 6-8　声音按钮【创建新元件】

（4）在【时间轴】面板选中【弹起】帧，在工具箱中，选择【基本椭圆】工具绘制椭圆，如图 6-9 所示。

（5）在工具箱中继续选择【椭圆工具】，并在【舞台】中绘制一个小椭圆，并使用【文本工具】输入文字。

（6）在【时间轴】面板上选中【指针经过】帧，按下【F6 键】插入关键帧，选中椭圆并调整颜色。

（7）在【时间轴】面板上选中【按下】帧，按下【F6 键】插入关键帧，选中椭圆并调整颜色。

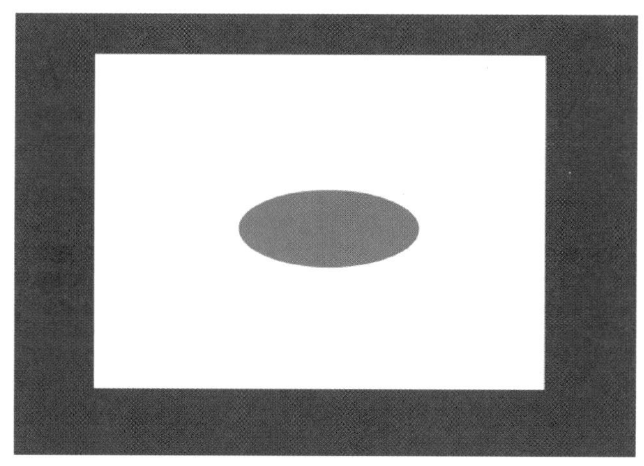

图 6-9 绘制椭圆

（8）在【时间轴】面板上单击面板底部的【新建图层】按钮，新建一个图层。

（9）在菜单栏中选择【文件】→【导入】→【导入到库】菜单项。

（10）弹出【导入到库】对话框，选择准备导入的声音文件，单击【打开】按钮，将声音文件导入到【库】中。

（11）在【时间轴】面板中，单击【图层 2】的【按下】帧，按下【F6 键】插入关键帧，并将声音文件拓展到【舞台】中。

（12）单击【场景 1】按钮，进入主场景。

（13）在【库】面板中，选择刚刚创建的按钮元件，并将其拖曳到舞台中的相应位置。

（14）按下键盘上的【Ctrl + Enter 键】测试该影片，当鼠标指针移动到按钮上并单击即可听见声音。

五、设置声音效果和声音同步

1. 设置声音效果

有时候需要对声音进行编辑，使之具有所需的特殊效果，如声道的选择、音量的变化等。属性面板中【效果】下拉列表提供了多种播放效果。

【无】：选中此选项将删除之前应用的效果。

【左声道 / 右声道】：只在左声道或右声道中播放声音。

【从左到右淡出 / 从右到左淡出】：会将声音从一个声道切换到另一个声道。

【淡入】：随着声音的播放逐渐增加音量。

【淡出】：随着声音的播放逐渐减小音量。

【自定义】：允许使用【编辑封套】创建自定义的声音淡入和淡出点。

2. 设置声音同步

属性面板中【同步】下拉列表提供了【事件】、【开始】、【停止】、【数据流】，如图 6-10 所示。

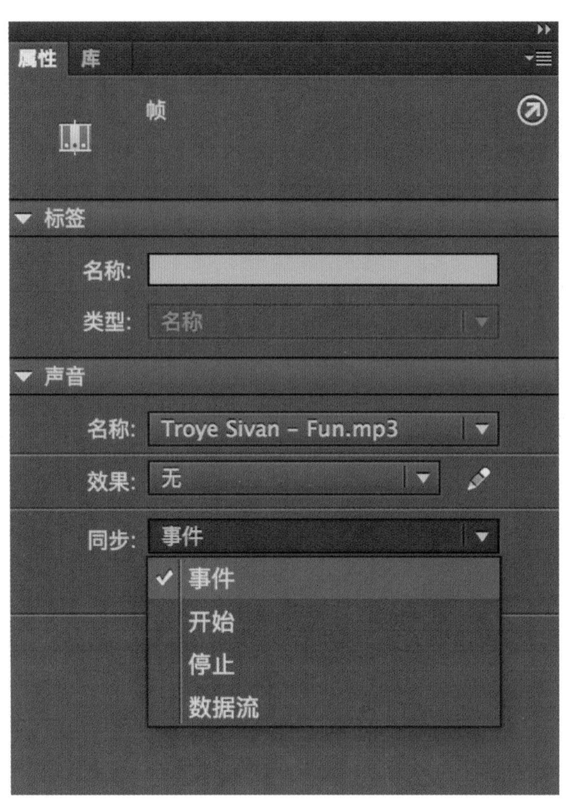

图 6-10 【效果】下拉列表

【事件】：将声音和一个事件的发生过程同步。事件声音（如用户单击按键时播放的声音）在显示其起始关键帧时开始播放，并独立于时间轴完整播放，即使 SWF 文件停止播放，事件声音也会继续播放。当播放发布的 SWF 文件时，事件声音会混合在一起。如果事件声音正在播放，而声音再次被实例化（如用户再次单击按钮），则第一个声音实例继续播放，另一个声音实例同时开始播放。

【开始】：与【事件】选项的功能相近，但是如果声音已经在播放，则新声音实例就不会播放。

【停止】：使指定的声音静音。

【数据流】：同步声音以便在网站上播放。与【事件】声音不同，【数据流】随着 SWF 文件的停止而停止。

第三节　使用外部视频

一、Flash CC 支持的视频类型

在创作动画的过程中，有时还需要导入外部视频，如在制作多媒体课件时就需要导入视频文件。Flash 提供了多种将视频合并到 Flash 文档并播放的方法，这些视频格式包括 FLV、F4V 和 MPEG。

二、视频导入向导

Flash CC 包含一个视频导入向导，在选择【文件】→【导入】→【导入视频】时会打开该向导。使用 FLV Playback 组件是在 Flash CC 文件中快速播放视频的最简单方法。

【示例 5】视频导入向导。

（1）在 Flash CC 中新建文档，在菜单栏中选择【文件】→【导入】→【导入视频】菜单项，如图 6-11 所示。

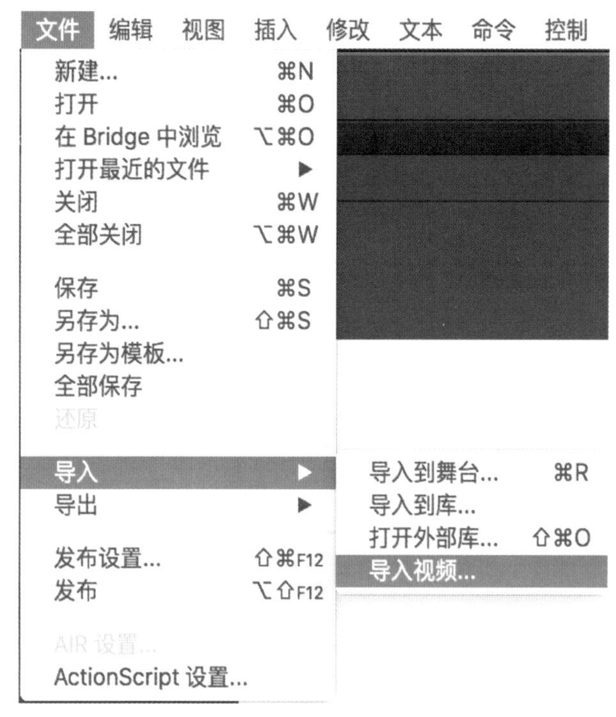

图 6-11　【导入视频】菜单项

（2）弹出【导入视频】对话框，单击【浏览】按钮。

（3）弹出【打开】对话框，选择准备导入的视频文件，单击【打开】按钮。

（4）系统自动弹出【导入视频】对话框，单击【下一步】按钮。

（5）在【导入视频】对话框中，单击【下一步】按钮。

（6）单击【完成】按钮，视频文件导入到舞台中，通过以上步骤即可完成操作。

三、导入渐进式下载视频

渐进式下载允许使用 ActionScript 将外部 FLV 文件加载到 SWF 文件之中，并且在运行时回放。视频内容独立于其他 Flash 内容与视频回放控件，因此更新视频内容相对比较容易，可以不必重新发布 SWF 文件。与嵌入的视频相比，渐进式下载具有以下优势。

（1）在创作过程中，仅发布 SWF 界面即可预览或测试部分或全部的 Flash 内容，因此，可缩短重复试验的时间。

（2）在传送过程中，将第一段视频下载并缓存到本地计算机的磁盘驱动器后，即可开始播放视频。

（3）在运行时，视频文件从计算机磁盘驱动器加载到 SWF 文件中，并且没有文件大小和持续时间的限制。不存在音频同步的问题，也没有内存限制。

（4）视频文件的帧频可以不同于 SWF 文件的帧频，从而提高创作 Flash 内容的灵活性。

四、嵌入视频

嵌入的视频有如下优势。

（1）嵌入的视频允许将视频文件嵌入到 SWF 文件。当使用这种方法导入视频时，该视频放置于时间轴中可以看到时间轴帧所表示的各个视频帧的位置。嵌入的视频文件成为 Flash 文档的一部分。

（2）在使用嵌入的视频创建 SWF 文件时，视频剪辑的帧频必须与 SWF 文件的帧频相同。如果对 SWF 文件和嵌入的视频剪辑使用不同的帧频，那么回放时会不一致。如果要使用可变的帧频，请使用渐进式下载或 Flash Media Server 导入视频。当使用以上方法中导入视频文件时，FLV 文件都是自包含文件，它的运行帧频与该 Flash SWF 文件中包含的所有其他时间轴帧频都不同。

（3）可以将视频剪辑作为 QuickTime 视频（MOV）、音频视频交叉文件（AVI）、运动图像专家组文件（MPEG）或其他格式的嵌入文件导入到 Flash，其具体情况视系统而定。

（4）对于回放时间少于 10 秒的视频剪辑，嵌入视频的效果是最好的。如果正在使用回放时间较长的视频剪辑，可考虑使用渐进式下载的视频，或者使用 Flash Media Server 传送视频流。

嵌入的视频有以下局限性。

（1）如果生成的SWF文件过大，当下载和尝试播放包含嵌入视频的大SWF文件时，Flash Player 会保留大量内存，这可能会导致 Flash Player 失败。

（2）较长的视频文件（长度超过 10 秒）一般在视频剪辑的视频和音频部分之间存在同步问题。一段时间以后，音频轨道的播放与视频的播放之间开始出现差异，导致不能达到预期的收看效果。

（3）如果要播放嵌入在 SWF 文件中的视频，则必须先下载整个视频文件，然后播放该视频。如果嵌入的视频文件过大，则可能需要较长时间才能下载整个 SWF 文件，然后才能开始回放。

五、更改视频剪辑属性

使用【属性】面板，可以更改【舞台】上嵌入或链接视频剪辑的实例属性，在【属性】面板中，可以为实例指定名称，设置宽度、高度和舞台的坐标位置。除了在视频的【属性】面板中可以对视频进行设置外，还可以在【库】面板中单击鼠标右键查看视频文件，在弹出的【发布设置】中进行相应的设置，如图 6-12 所示。

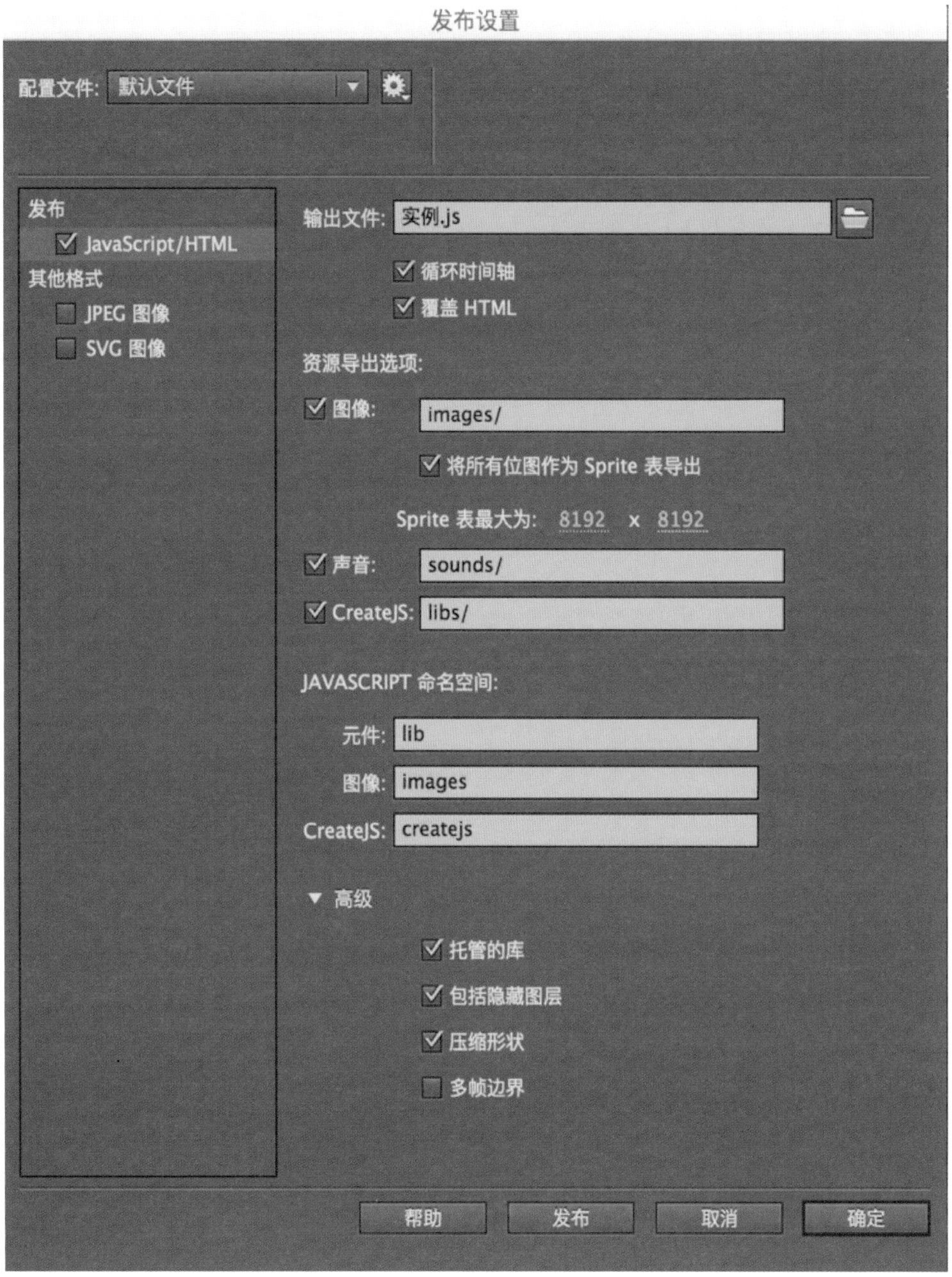

图 6-12　【属性】选项

本 / 章 / 小 / 结

本章重点介绍了在制作 Flash 动画中导入图片、声音和视频文件的方法。通过本章的学习，用户应了解和掌握将图片导入到【舞台】和【库】的方法，导入声音文件、为影片和按钮添加声音的方法，以及导入外部视频的方法。在 Flash 动画制作中，声音的处理相当重要。它直接关系到 Flash 文件的容量，对于在网络上传输的动画来说，它直接关系到动画的下载速度。因此，这部分内容读者应当重点掌握。

思考与练习

1. 在 Flash 中可以导入哪些格式的图片文件?

2. 在 Flash 中可以导入哪些格式的声音文件?

3. 在 Flash 中可以导入哪些格式的视频文件?

4. 新建一个 Flash 文档，向文档中导入一幅位图，然后将位图转换为矢量图。

5. 应用本章所学的知识为一个已经创建好的 Flash 动画添加声音。

6. 应用本章所学的知识为按钮添加声音。

7. 应用本章所学的知识向文档中导入视频文件。

第七章
使用时间轴、帧和图层

重点概念：

1. 使用【时间轴】面板。
2. 使用帧。
3. 使用图层。

章节导读

在制作 Flash 动画的过程中，【时间轴】面板是创建 Flash 动画的核心部分，使用【时间轴】面板可以方便地组织和控制动画的内容。【时间轴】面板主要由图层和帧组成，图层和帧中的图形或文字等对象随着时间的变化而变化，从而形成动画。

第一节　使用时间轴面板

【时间轴】位于【舞台】下方，显示在 Flash 工作界面的上部，是 Flash 编辑动画的主要工具，用于组织和控制动画中的帧和图层在一定时间内播放的坐标轴，如图 7-1 所示。【时间轴】面板主要由图层、播放头、帧标记、帧编号、状态栏等部分组成。

在影片播放时，【播放头】（如红色垂直线所示）在【时间轴】中向前移动，可以为不同的帧更改【舞台】上的内容，要在【舞台】上显示帧的内容，可以在【时间轴】

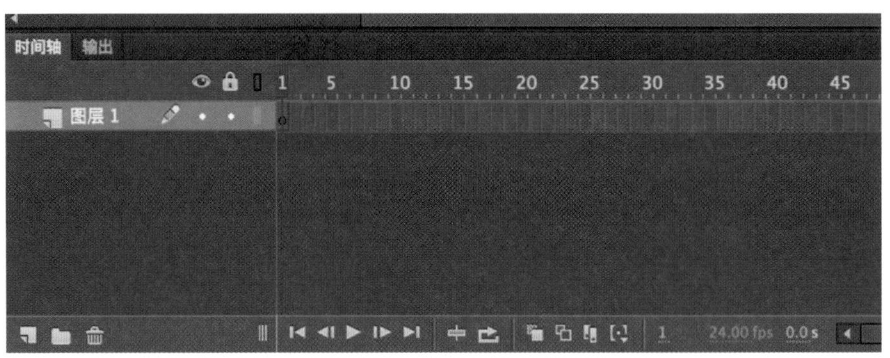

图 7-1 【时间轴】面板

中把播放头移到此帧上。在【时间轴】的底部，Flash 会指示所选的帧编号、当前帧频（每秒钟播放多少帧），以及迄今为止在影片中所流逝的时间。

【时间轴】还包含图层，它有助于在文档中组织作品，当前项目中只含有一个图层时，为图层 1。可以将图层看做堆叠在彼此上面的多个幻灯片，每个图层都包含一幅出现在【舞台】上的不同图像，可以在一个图层上绘制、编辑对象，而不会影响另一个图层上的对象。图层按照出现在【时间轴】中的顺序堆叠在一起，使位于【时间轴】中底部图层上的对象将出现在【舞台】上的对象的底部。单击【图层】选项图标下方的每个图层的圆点，可以隐藏、锁定或只显示图层内容轮廓。

第二节 使 用 帧

影片中的每个画面在 Flash 中称为帧。帧是 Flash 动画制作中最基本的单位，每一个精彩的 Flash 动画都是由很多个精心制作的帧构成的，在时间轴上的每一帧都可以包含需要显示的所有内容，包括图形、声音、各种素材及其他多种对象。

在 Flash 中，帧按照功能的不同可以分为三种：【关键帧】、【空白关键帧】和【普通帧】。

（1）【关键帧】：用来定义动画变化、更改状态的帧，即编辑【舞台】上存在实例对象并可对其进行编辑的帧。关键帧在时间轴上显示为实心的圆点。当需要物体运动或变化时，需要用到关键帧，第一个关键帧是物体的开始状态，而第二个关键帧就是物体的结束状态，而补间帧就是物体由第一个关键帧到第二个关键帧的变化过程。

应当注意，应尽可能节约关键帧的使用，以减小动画文件的体积；尽量避免在同一帧处过多地使用关键帧，以减小动画运行的负担，使整个画面播放流畅。

（2）【空白关键帧】：没有包含【舞台】上的实例内容的关键帧。空白关键帧在时间轴上显示为空心的圆点。

（3）【普通帧】：在时间轴上能显示实例对象，但不能对实例对象进行编辑操作的帧。普通帧在时间轴上显示为灰色填充的小方格，如图 7-2 所示。

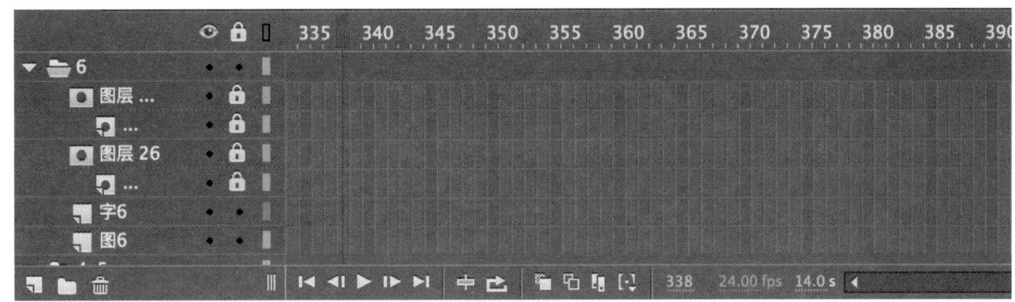

图 7-2　普通帧

在 Flash 同一图层中，在前一个关键帧的后面任一帧处插入关键帧，是复制前一个关键帧上的对象，并可以对其进行编辑操作。如果插入普通帧，是延续前一个关键帧上的内容，不可以对其进行编辑操作。插入空白关键帧，可以清除该帧后面的延续内容，可以在空白关键帧上添加新的实例对象。关键帧和空白关键帧上都可以添加帧动作脚本，普通帧上则不能。

一、选择帧

想要编辑帧，首先得会选择帧。在制作 Flash 动画过程中可以选择单帧，也可选择多帧，其方法如下。

（1）在时间轴上，单击要选择的帧格，可以选中单帧，被选中的帧以黑色显示，如图 7-3 所示。

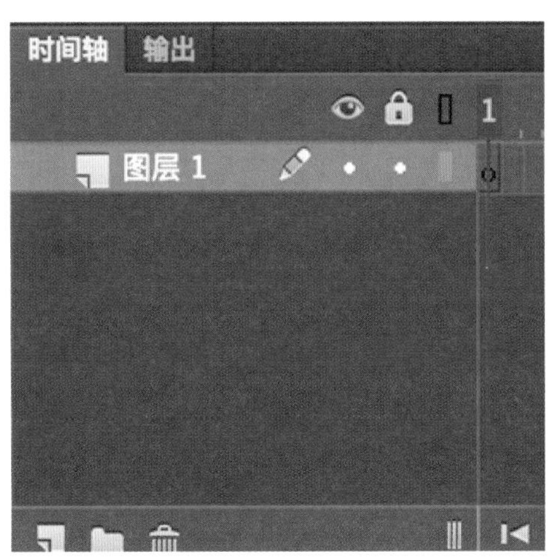

图 7-3　选中单帧

（2）如果要选择连续的多帧，可先选中第一个帧，然后按住【Shift 键】单击需要选择的最后一个帧，即可将中间的帧全部选中。

（3）如果要选择不连续的多帧，可先选中第一个帧，然后按住【Ctrl 键】单击其他需要选择的帧格即可。

（4）在时间轴上，单击鼠标右键，在弹出的快捷菜单中选择【选择所有帧】命令，可选中该图层中所有帧，如图 7-4 所示。

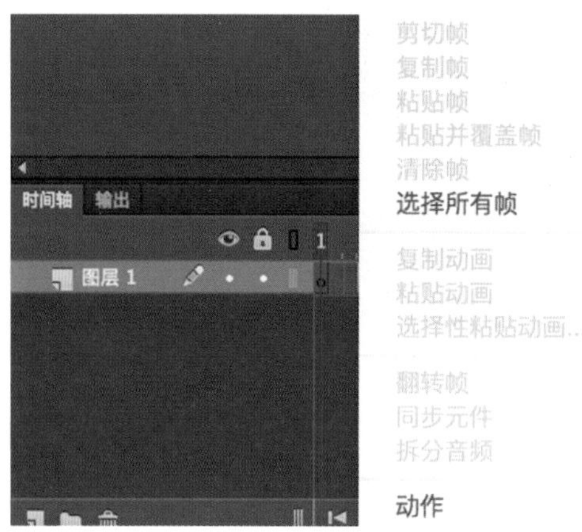

图 7-4 【选择所有帧】命令

二、创建帧

1. 创建普通帧

创建普通帧的方法有以下几种。

（1）选中需要创建普通帧的帧格，按【F5 键】创建普通帧。

（2）选中需要创建普通帧的帧格，选择【插入】→【时间轴】→【帧】菜单命令。

（3）在需要创建普通帧的帧格上单击鼠标右键，在弹出的快捷菜单中选择【插入帧】命令，如图 7-5 所示。

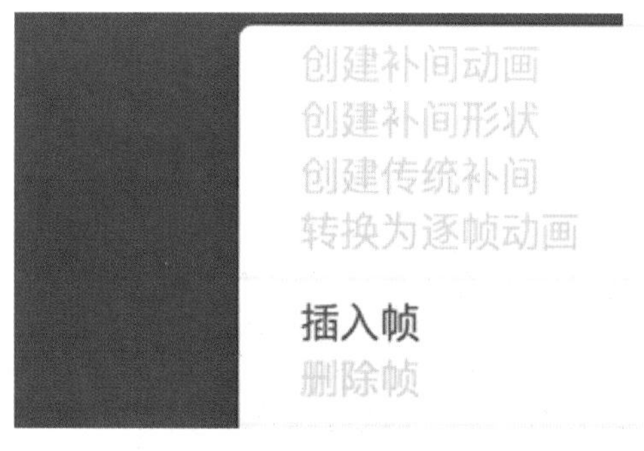

图 7-5 【插入帧】命令

2. 创建关键帧

创建关键帧的方法有以下几种。

（1）选中需要创建关键帧的帧格，按【F6 键】创建关键帧。

（2）选中需要创建关键帧的帧格，选择【插入】→【时间轴】→【关键帧】菜单命令即可，并且插入的关键帧中有前一关键帧的内容。

（3）单击鼠标右键插入关键帧的帧格，在弹出的快捷菜单中选择【插入关键帧】命令，如图 7-6 所示。

3. 创建空白关键帧

创建空白关键帧的方法有以下几种。

图 7-6　【插入关键帧】命令

（1）选中需要创建空白关键帧的帧格，按【F7 键】创建空白关键帧。

（2）如果前一个关键帧中有内容，选中要插入空白关键帧的帧格，选择【插入】→【时间轴】→【插入空白关键帧】菜单命令。如果前一个关键帧中没有内容，直接插入关键帧即可得到空白关键帧。

（3）在需要创建空白关键帧的帧格上单击鼠标右键，在弹出的快捷菜单中选择【插入空白关键帧】命令，如图 7-7 所示。

图 7-7　【插入空白关键帧】命令

三、移动帧

在制作 Flash 动画的过程中，有时需要对帧进行移动，移动帧有以下两种方法。

（1）选中需要移动的帧，按住鼠标左键并拖动到需要的位置释放鼠标。

（2）在要移动的帧上单击鼠标右键，在弹出的快捷菜单中选择【剪切帧】命令。然后在目标位置上单击鼠标右键，在弹出的快捷菜单中选择【粘贴帧】命令。

四、复制帧

在制作 Flash 动画时，有时需要对帧进行复制，其具体操作步骤如下。

（1）在要复制的帧上单击鼠标右键，在弹出的快捷菜单中选择【复制帧】命令。

（2）用鼠标右键单击目标帧，在弹出的快捷菜单中选择【粘贴帧】命令，即可将复制的帧及其内容粘贴到目标帧中。

五、删除帧

在制作 Flash 动画时，如果创建的帧不符合要求或不再需要，可以将其删除。删除帧的方法是选择要删除的帧，在其上单击鼠标右键，在弹出的快捷菜单中选择【删除帧】命令。

六、清除帧

在制作 Flash 动画时，如果不再需要所创建的帧中的内容，可以将内容清除。在要清除的帧上单击鼠标右键，在弹出的快捷菜单中选择【清除帧】命令，可以清除帧中的内容并将该帧转化为空白关键帧。

七、翻转帧

在制作 Flash 动画时，如果要使动画多个帧的播放顺序颠倒，可以采取翻转帧操作。其方法是在时间轴中选中要翻转的帧格，单击鼠标右键，在弹出的快捷菜单中选择【翻转帧】命令，将选中帧的播放顺序进行翻转。

第三节　使用图层

在 Flash 动画制作过程中，可以将图层看做一叠透明的胶片，每张胶片上都有不同的内容，将这些胶片重叠在一起就组成了一幅比较复杂的画面。在上一图层添加内容，会遮住下一图层中相同位置的内容。如果上一图层的某个位置没有内容，透过这个位置就可以看到下一图层相同位置的内容。

在 Flash 动画制作过程中，图层的作用主要有以下几个方面。

（1）在图层中，用户可以对其中的对象或动画进行编辑修改，而不会影响其他图层中的内容。

（2）用户可以将一个大动画分解成几个小动画，将不同的动画放置在不同的图层上，各个小动画之间相互独立，从而组成一个大的动画。

（3）利用一些特殊的图层可以制作特殊的动画效果，如利用引导层可以制作引导动画，利用遮罩层可以制作遮罩动画。

一、图层的类型与模式

Flash 中的图层包括普通层、引导层和遮罩层。

（1）普通层用于放置各种动画元素。

（2）导引图层是用来摆放对象运动路径的图层。它的作用在于确定指定对象的运动路线，使被引导层中的元件沿引导线运动，该层下的图层为被引导层。导引层中的路径在实际播放时不会显示出来。

（3）遮罩层遮挡下面的对象让处于下方的被遮罩层选择显示。在遮罩动画中遮罩层只有一个，被遮罩层的数量不限。

二、创建图层和图层文件夹

【示例 1】创建图层和图层文件夹。

创建图层和图层文件夹操作步骤如下。

（1）单击【时间轴】面板左下方的按钮。

（2）执行【插入】→【时间轴】→【图层】命令，如图 7-8 所示。

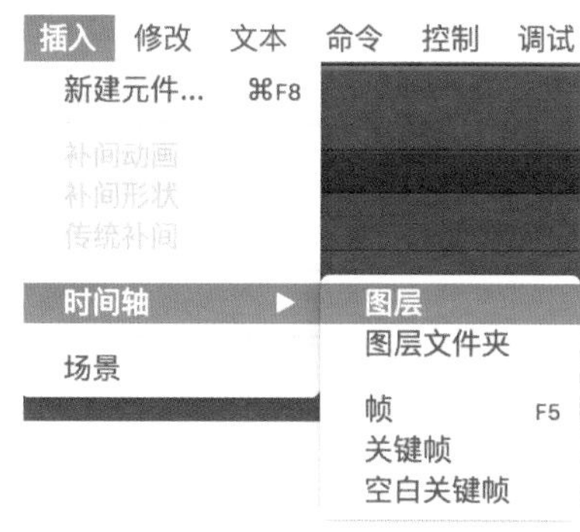

图 7-8　【图层】

（3）单击【时间轴】面板上的【新建文件夹】按钮，创建一个图层文件夹，将文件夹名称改为“建筑”，如图 7-9 所示，并将两个图层分别拖入文件夹中。

图 7-9　图层文件夹

三、选择图层

选中单个图层的方法有以下几种。

（1）单击图层区中需要编辑的图层。

（2）在场景中选择要编辑的对象，可选中该对象所在的图层。

（3）在时间轴中单击一个帧格可选中该帧格所在的图层。选中多个图层时包括选中相邻和不相邻图层两种情况。

①选中相邻图层：单击要选中的第一个图层，按住【Shift 键】并单击要选中的最后一个图层，可选中两个图层间的所有图层。

②选中不相邻图层：单击要选中的任意一个图层，然后按住【Ctrl 键】单击其他需要选中的图层。

四、编辑图层

【示例 2】编辑图层。

（1）单击【时间轴】面板中的【锁定或解除所有图层】按钮，将全部图层锁定，如图 7-10 所示。

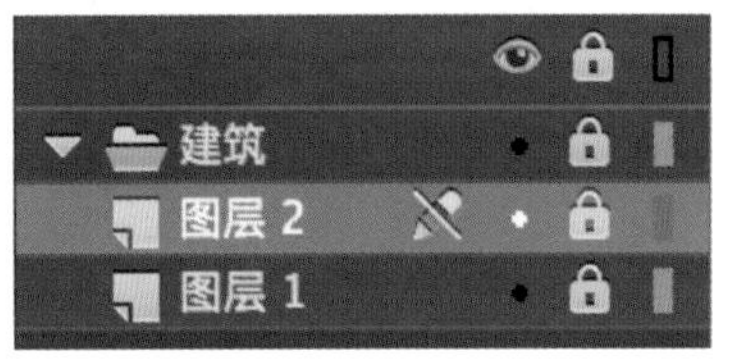

图 7-10　图层锁定

（2）单击【时间轴】面板中的【显示或隐藏所有图层】按钮，即可隐藏所有图层所在的对象，如图 7-11 所示。

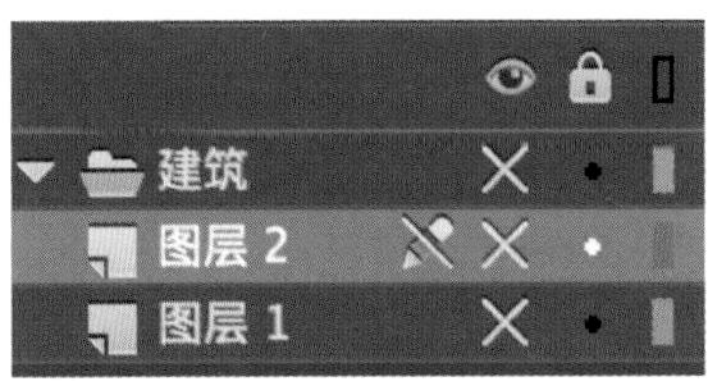

图 7-11　【显示或隐藏所有图层】按钮

五、移动图层

移动图层可以对图层的顺序进行调整，以改变场景中各对象叠放的次序，其具体操作步骤如下。

（1）选中要移动的图层，按住鼠标左键并拖动，此时图层以一条虚线表示。

（2）当虚线到达需要位置后释放鼠标完成移动。

六、删除图层

当不需要图层上的内容时，可以删除图层。选中需要删除的图层有以下几种方法。

（1）选中图层，并单击【删除】按钮。

（2）按住鼠标左键不放，并拖动图层到【删除】按钮上，释放鼠标。

（3）单击鼠标右键，在弹出的快捷菜单中选择【删除图层】命令。

七、设置图层的状态与属性

【示例 3】设置图层的状态与属性。

设置图层的状态与属性操作步骤如下。

（1）打开【菜单栏】找到【修改】选项。

（2）点击【时间轴】选项，在其下拉菜单里找到【图层属性】选项，如图 7-12 所示。

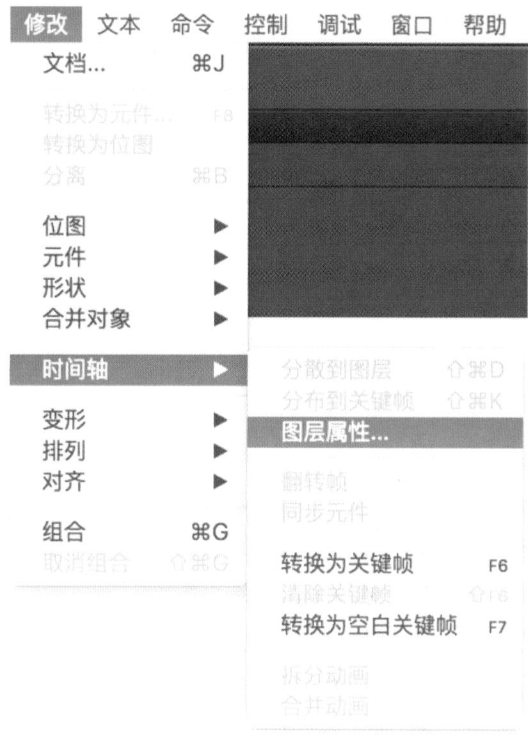

图 7-12　【图层属性】选项

（3）在【图层属性】对话框内找到【名称】选项，在这里可以为图层命名，例如“建筑元素”，如图 7-13 所示。

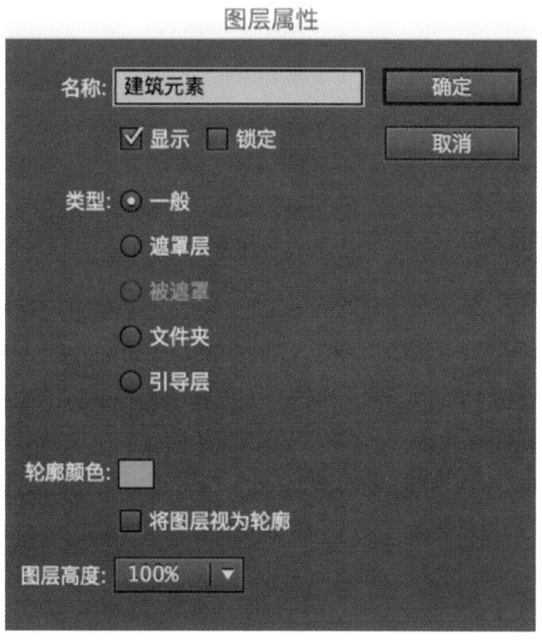

图 7-13　将图层命名为“建筑元素”

（4）找到轮廓选项，点击后面的颜色选项来设置轮廓的颜色，如图 7-14 所示。

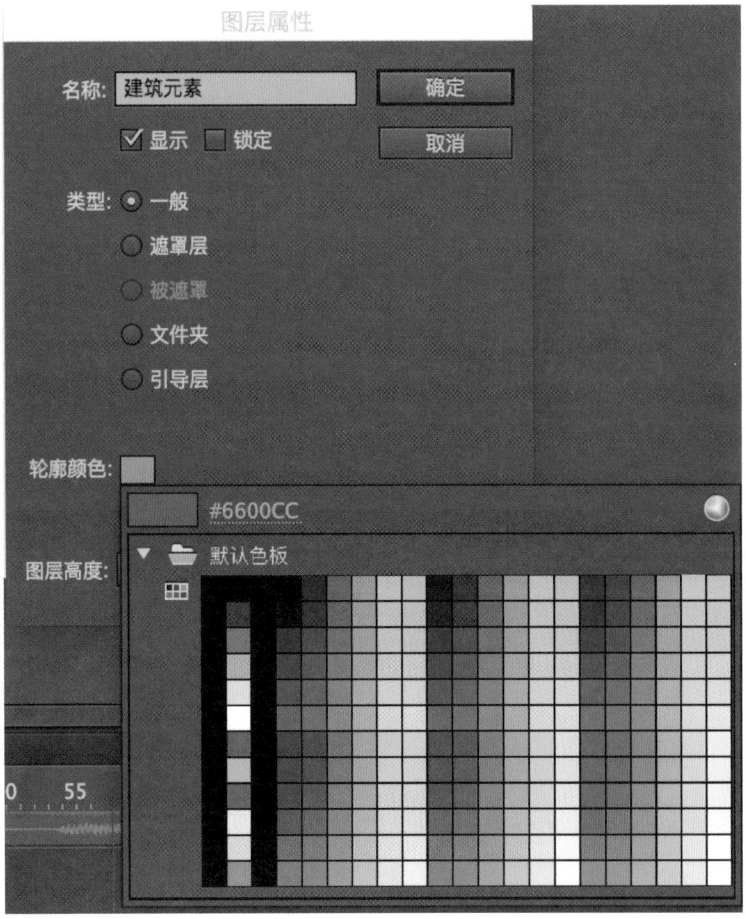

图 7-14 设置【轮廓颜色】

八、使用遮罩层

在 Flash 动画中，遮罩层主要有两方面的作用：一是用在整个场景或一个特定区域，使场景外的对象或特定区域外的对象不可见；二是用来遮罩住某一元件的一部分，从而实现一些特殊的效果。

遮罩层可以将与遮罩层相链接的图形中的图像遮盖起来。用户可以将多个图层组合放在一个遮罩层下，以创建出多样的效果。

九、使用运动引导层

使用运动引导层绘制路径可以使运动渐变动画中的对象沿着指定的路径运动。在一个运动引导层下可以建立一个或多个被引导层。

本／章／小／结

本章重点介绍了在制作 Flash 动画中使用时间轴、帧和图层的知识。通过本章的学习，用户应了解和掌握时间轴面板、帧和图层的使用，能够灵活运用帧和图层的操作。

思考与练习

1. 在 Flash 动画制作中，帧按照功能的不同有哪几种类型？各有何特点？

2. 练习帧的创建、移动、复制和清除。

3. 练习创建图层和图层文件夹。

4. 练习设置图层的属性。

第八章

制作 Flash 动画

重点概念：

1. 逐帧动画。
2. 形状补间动画。
3. 传统补间动画。
4. 运动渐变动画。
5. 遮罩层动画。
6. 引导层动画。
7. 场景动画。

章节导读

经过前几章的学习，我们已经初步掌握了制作 Flash CC 动画的基本知识，本章将重点讲解常见动画的制作方法。

第一节 逐帧动画

逐帧动画是 Flash CC 动画最基本的形式，是通过更改每一个连续帧在编辑舞台上的内容来建立的动画。

逐帧动画是一种常见的动画形式，其原理是在连续的关键帧中分解动画动作，每一帧都是关键帧，都有内容。逐帧动画具有很大的灵活性，几乎可以表现内容，与电影的播放模式类似，很适合表演细腻的动画。例如：人物或动物急剧转身、头发及衣服的飘动、走路、说话以及精致的 3D 效果等。

【示例 1】制作逐帧动画。

制作逐帧动画操作步骤如下。

（1）在 Flash CC 中新建文档，在菜单栏中，选择【文件】→【导入】→【导入到舞台】菜单项，如图 8-1 所示。

（2）在【导入】对话框中，选择准备导入的图片，单击【打开】按钮。弹出对话框，单击【是】按钮。

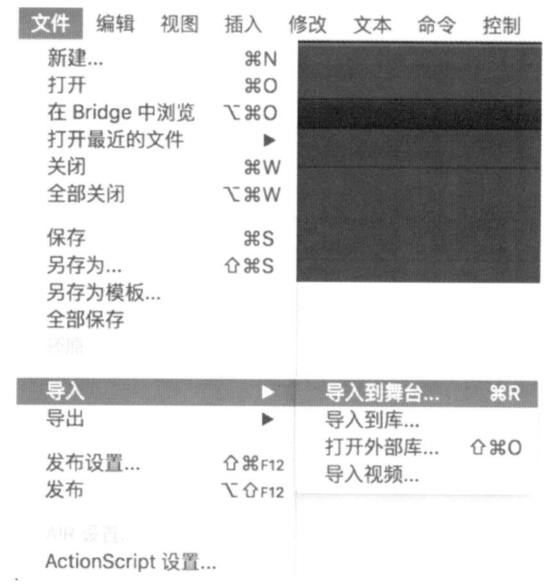

图 8-1 【导入到舞台】

（3）Flash CC 会自动把图片的序列按序号以逐帧形式导入到舞台中去，导入后的动画序列被 Flash 自动分配到 5 个关键帧中。

（4）此时，再按下键盘上的【Ctrl + Enter 键】，检测创建的动画。

第二节 形状补间动画

【示例 2】制作形状补间动画。

形状补间动画操作步骤如下。

（1）打开 Flash 软件，首先点击【插入】→【新元件】，如下图所示，修改“图层 1”名称为“黑色方块”，选择【矩形工具】，笔触颜色选择“黑色”，填充色选择为“空”，按住【Shift 键】，画一个标准的方块，如图 8-2 所示。

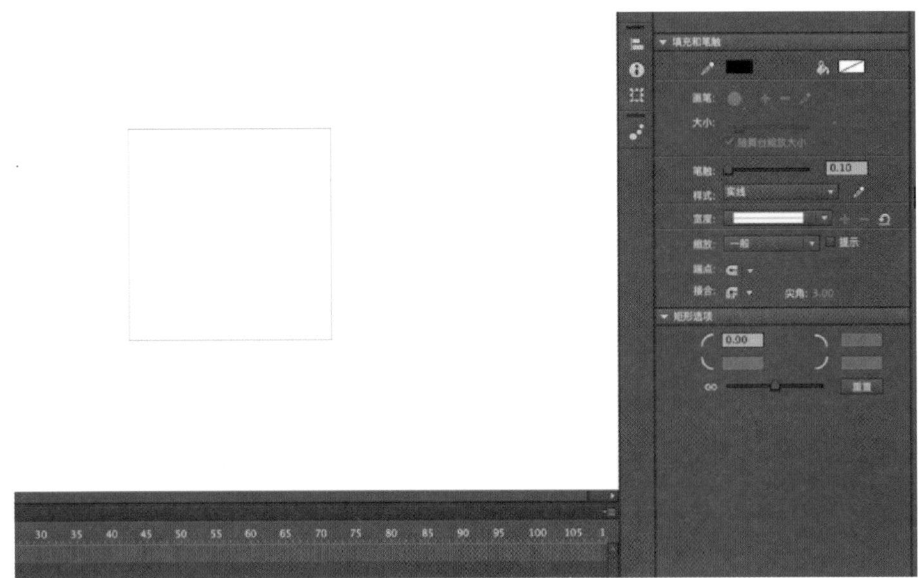

图 8-2　画标准的方块

（2）选择【颜料桶】工具，笔触颜色选择为“空”，填充色选择“红色”，为刚才画的方块填充上红色。

（3）再次插入一个新元件，名称暂且命名为“2”，点击【确定】键，开始编辑一个方块元件，选择【矩形工具】，笔触颜色选择“黑色”，填充色为“空”，按住【Shift 键】，画一个标准的方块。

（4）选择【颜料桶】工具，笔触颜色选择为“空”，填充色选择“黑色”，如图 8-3 所示，这样一个黑色方形元件就完成了，点击【场景】进入场景编辑。

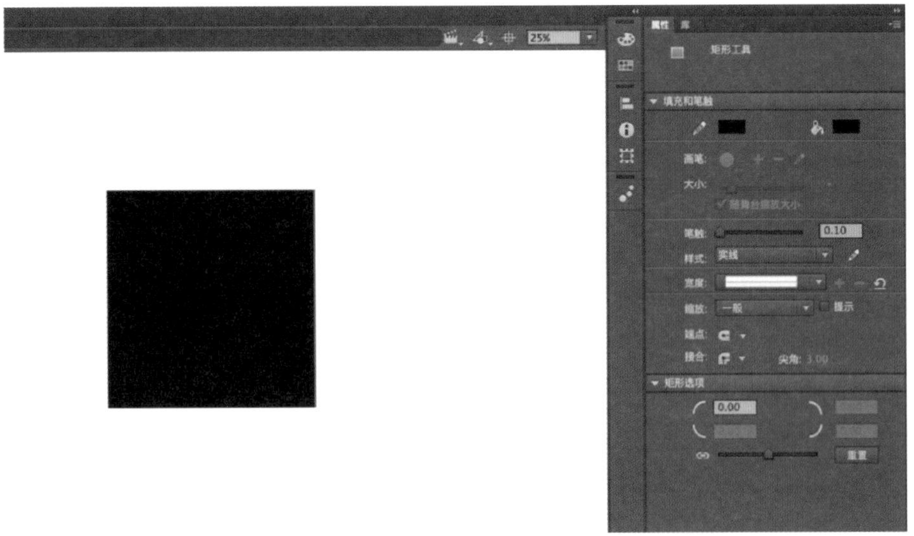

图 8-3　填充色选择黑色

（5）按住鼠标左键，将名称为“1”的红方块拖入场景 1 中，并用【任意变形工具】进行缩小操作，再新建“图层 2”，命名为“黑方块”，也用任意变形工具进行缩小操作，如图 8-4 所示。

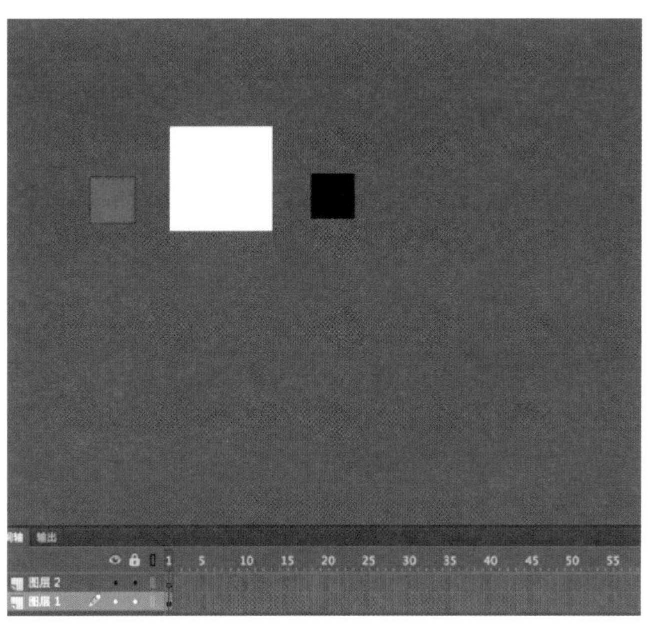

图 8-4　利用【任意变形工具】进行缩小操作

（6）分别在红方块和蓝方块图层的 100 帧处插入关键帧，并且右键单击 1 ～ 100 帧之间的空白处，创建动作补间动画，然后再按【Ctrl + Enter 键】即可看到动画效果。

第三节　传统补间动画

【示例 3】制作传统补间动画。

制作传统补间操作步骤如下。

（1）新建一个 Flash CC ActionScript 3.0 文档，舞台大小设定为“1280 像素 × 720 像素”。

（2）执行【文件】→【导入】→【导入到库】命令，导入路径为“素材 \ 建筑 \”中的素材图片，如图 8-5 所示。

（3）将库中的图片“1”拖至【舞台】中，利用【对齐】面板设置对齐方式，使之与舞台大小完全重合，并将图层名称改为“建筑 1”，如图 8-6 所示。

（4）将图片“1”选中，按【F8 键】将其转换成名为“风景 1”的图形元件。在第 10 帧中按【F6 键】插入关键帧，选中第 1 帧中的图片，然后在【属性】面板的“色彩效果”区域单击【样式】下拉按钮，在其下拉列表框中选择“Alpha”选项，将“Alpha”值设为“0%”。

（5）选中第 1 帧至第 10 帧中的任意一帧，单击鼠标右键，在弹出的快捷菜单中执行【创建传统补间】命令，创建图片淡入的效果。

（6）新建“图层 2”，将其命名为“建筑 2”，在第 11 帧处插入空白关键帧。

（7）将库中的图片“2”拖至【舞台】中，利用【对齐】面板设置对齐方式，使之与舞台大小完全重合。

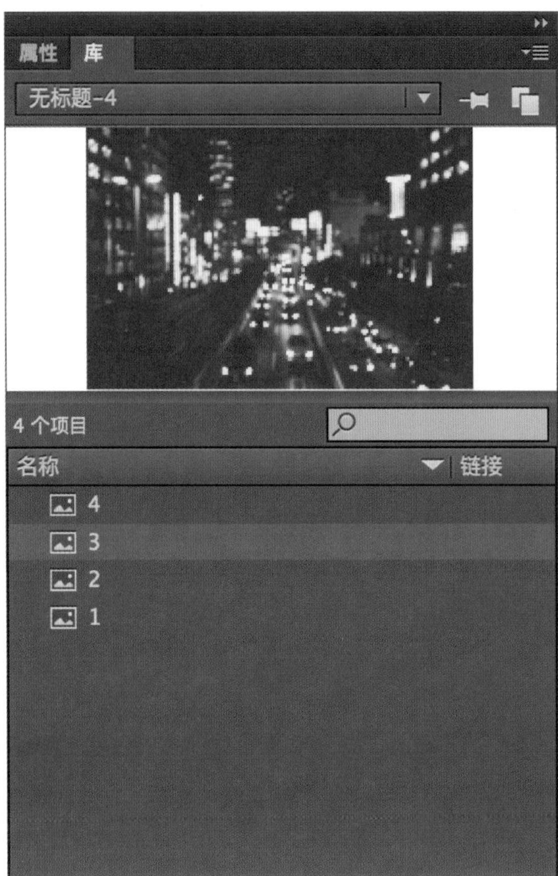

图 8-5 【导入到库】命令

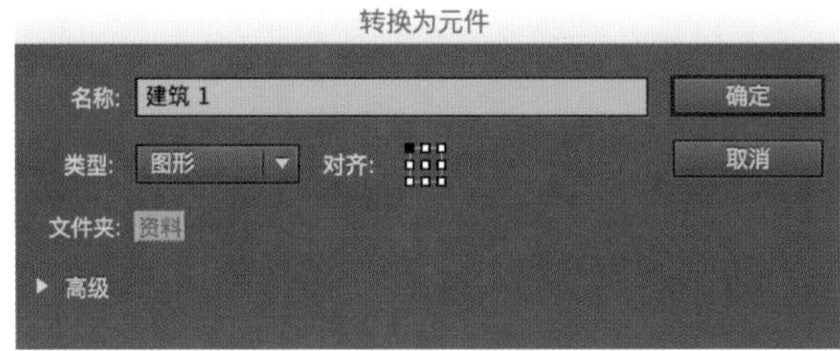

图 8-6 更改图层名称为“建筑 1”

第四节 运动渐变动画

【示例 4】制作运动渐变动画。

制作运动渐变动画操作步骤如下。

（1）新建一个 Flash CC ActionScript 3.0 文档，舞台大小设定为“500 像素 × 500 像素”。背景颜色为“#53AD84”。

（2）首先用【椭圆工具】绘制出太阳（可以按住【Shift 键】绘制出正圆），之后点击鼠标右键，选择【转换为元件】，如图 8-7 所示，把它转换成太阳元件，如图 8-8

所示，最后把【舞台】上的太阳清除。

图 8-7 【转换为元件】

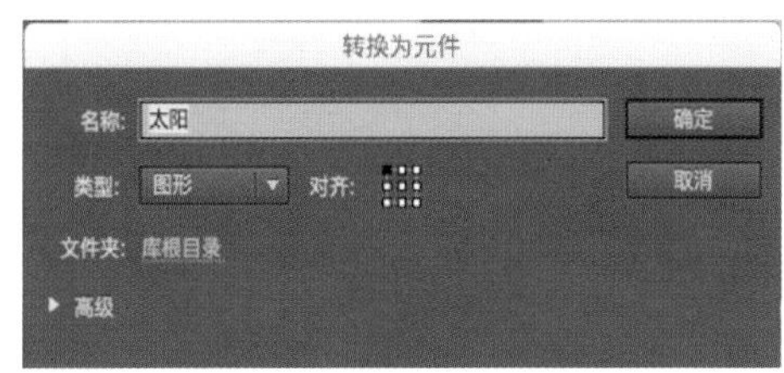

图 8-8 转换成太阳元件

（3）再新插入一个图层，如图 8-9 所示，生成两个图层，并为两个图层重命名，分别为“城市”和“太阳”，“城市”图层在上，“太阳”图层在下。

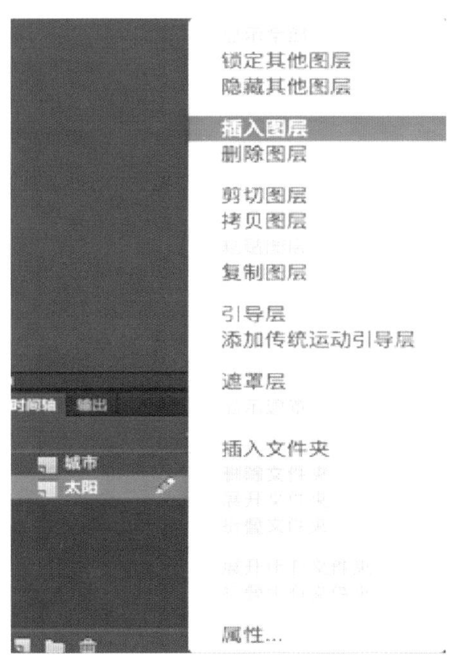

图 8-9 插入图层

（4）打开库，选中“山”图层的第一帧，在库中找到“山”元件并拖入到【舞台】。同样的方法选中“太阳”图层的第 1 帧，把“太阳”元件拖入到【舞台】中。

（5）选中“太阳”图层的第 100 帧，把舞台上的太阳拖动到正上方，如图 8-10 所示。这样第 1 帧对应的太阳和第 100 帧对应的太阳位置就发生了变化。

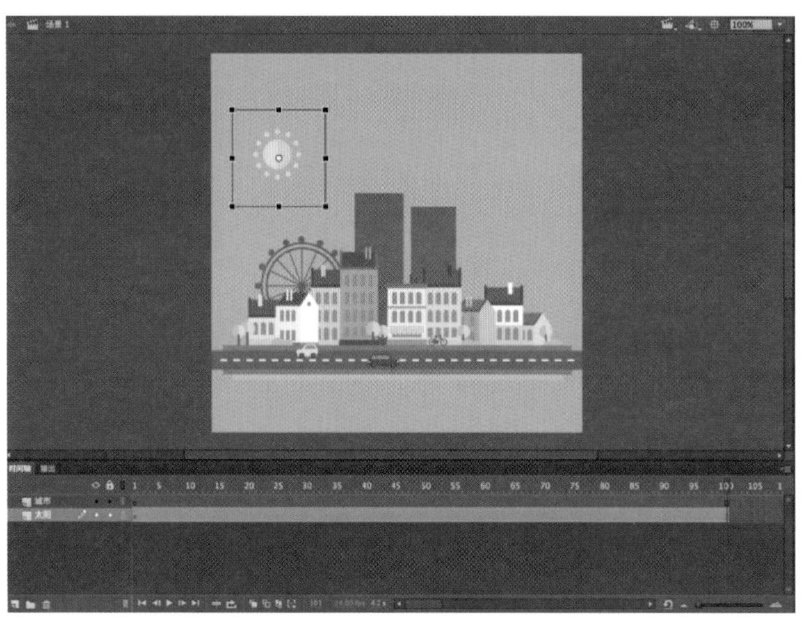

图 8-10　选中“太阳”图层的第 100 帧

（6）最后打开【控制】菜单，执行【测试影片】，如图 8-11 所示，即可预览动画效果。

图 8-11　【测试影片】

第五节　遮罩层动画

【示例 5】制作遮罩层动画。

制作遮罩层动画操作步骤如下。

（1）新建一个 Flash CC ActionScript 3.0 文档，舞台大小设定为“1280 像素 × 900 像素”，如图 8-12 所示。

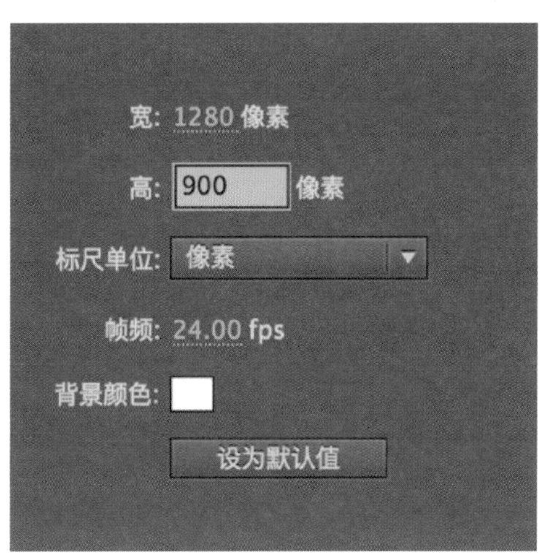

图 8-12　设定舞台大小

（2）在菜单栏中，选择【文件】→【导入】→【导入到舞台】菜单项，导入一张图，如图 8-13 所示。

图 8-13　【导入到舞台】菜单栏

（3）用选择工具单击选中舞台上的图片，【Ctrl+K 键】打开【对齐】面板，设置其为宽高为舞台的宽高。

（4）新建一个图层，使用【椭圆工具】去掉边框色，填充色为“黑色”，在【舞台】中央绘制一个很小的正圆，然后在本层的 25 帧处点击【F6 键】插入关键帧，再在图层 1 的 25 帧处点击【F5 键】插入普通帧，如图 8-14 所示。

图 8-14　使用【椭圆工具】

（5）修改图层 2 的 25 帧内的对象（直接用选择工具单击 25 帧处舞台上的小圆）。用工具箱内的【任意变形工具】（快捷键【Q 键】）单击舞台上的小圆，将鼠标移动到小圆的右上角处，出现双向箭头时，按住【Alt 键】拖动鼠标，可以将小圆以圆心为基点进行变形，直至覆盖整个舞台，如图 8-15 所示。

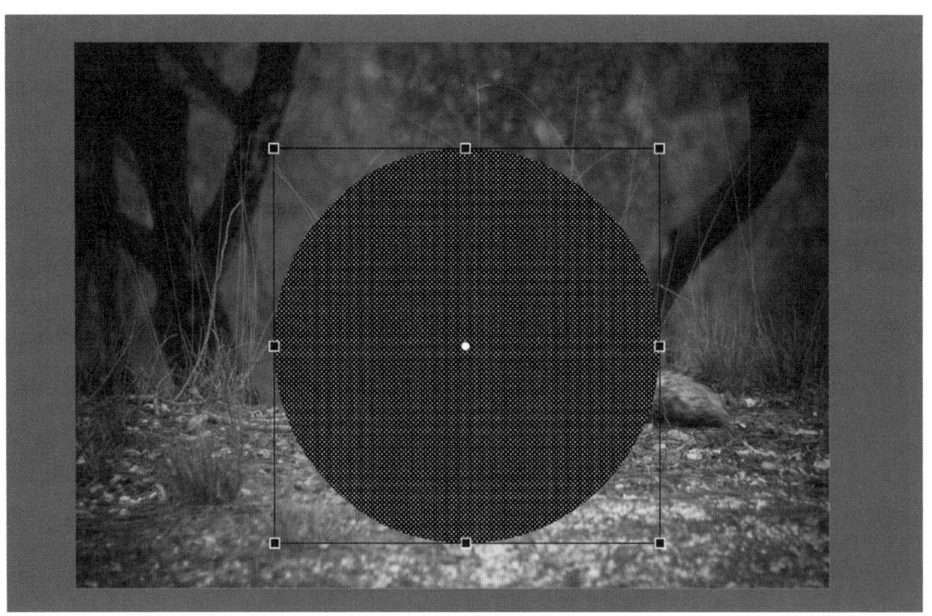

图 8-15　将小圆以圆心为基点进行变形

（6）在“图层 2”上某一帧上点击右键，选择【创建补间形状】。

（7）在“图层 2”上单击鼠标右键，选择【遮罩层】，“图层 1”和“图层 2”都被自动锁定，而且也产生了动画效果。

第六节 引导层动画

【示例 6】制作引导层动画。

制作引导层动画的操作步骤如下。

（1）新建一个 Flash CC ActionScript 3.0 文档，舞台大小设定为“1280 像素 × 720 像素”。

（2）用【圆形工具】在【舞台】上画一圆形，在 30 帧处【插入关键帧】，如图 8-16 所示。

图 8-16 【插入关键帧】

（3）在图层处【添加引导层】，然后在引导层的第一帧用铅笔画出运动的轨迹。

（4）选择好“图层 1”的第 1 帧，用移动工具把圆形的磁心原点移动到引导线上面。

（5）选择“图层 1”的最后一帧，也就是 30 帧，用移动工具把圆形移动到引导线的最后一点，如图 8-17 所示。

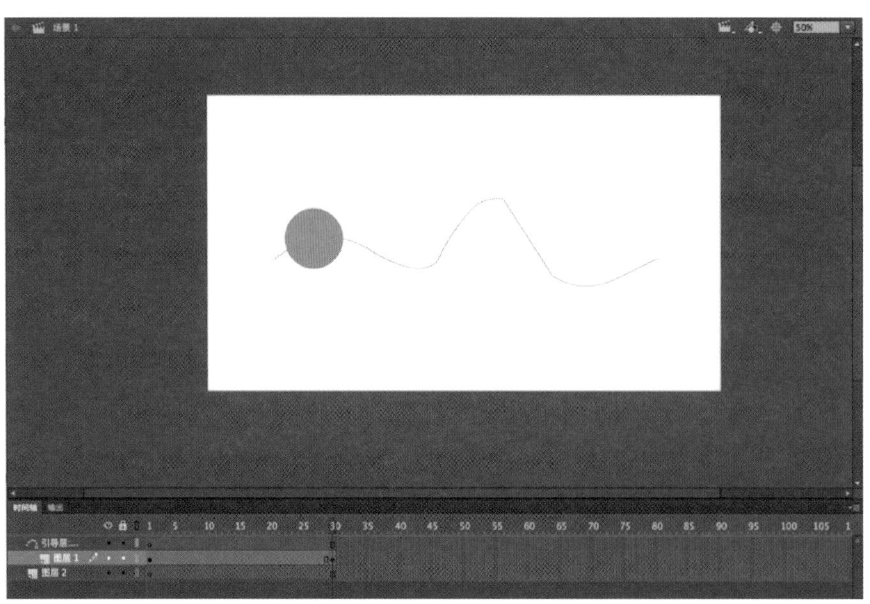

图 8-17　把圆形移动到引导线的最后一点

第七节　场 景 动 画

一、选择场景面板

选择场景面板的操作步骤如下。

（1）选择菜单栏，【插入】→【场景】，如图 8-18 所示。

（2）分别选择不同的场景制作对应的动画，如图 8-19 所示。

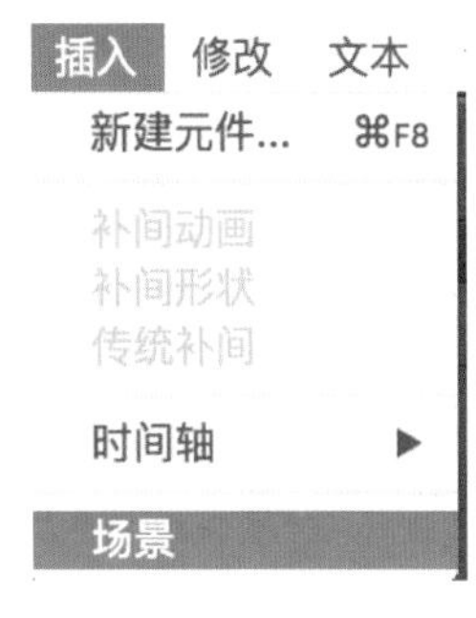

图 8-18　【场景】

图 8-19　制作对应的动画

（3）动画制作好之后，动画的播放按照场景的先后顺序，按【Ctrl + Backspace 键】播放。

二、添加与删除场景

添加与删除场景的操作步骤如下。

（1）添加场景：打开导航菜单栏选择【窗口】→【场景】（快捷键为【Shift+F2 键】），如图 8-20 所示。

窗口　帮助

直接复制窗口	⌥⌘K
✓编辑栏	
✓时间轴	⌥⌘T
✓工具	⌘F2
✓属性	⌘F3
库	⌘L
动画预设	
动作	F9
代码片断	
编译器错误	⌥F2
调试面板	▶
输出	F2
对齐	⌘K
颜色	⇧⌘F9
信息	⌘I
样本	⌘F9
变形	⌘T
组件	⌘F7
历史记录	⌘F10
场景	⇧F2
浏览插件...	
扩展	▶
工作区	▶
隐藏面板	F4

图 8-20　【场景】菜单项

（2）删除场景：选择需要删除的场景，点击如图所示的删除键即可。

（3）修改场景名称：双击场景修改名称，如图 8-21 所示。

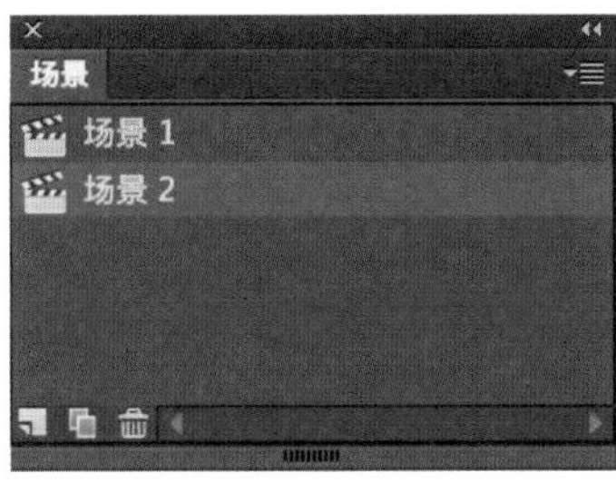

图 8-21　修改场景名称

三、调整场景顺序

系统会默认按照场景面板中从上到下的顺序播放，即播放完第一场景最后一帧之后，紧接着播放第二场景的第 1 帧（在未添加语言的时候）。如果用户想先播放“场景 2”，再播放“场景 1”，可以直接用鼠标拖曳“场景 2”至“场景 1”上面。场景名称可以不用更改，一般来讲，场景名称不会影响到播放顺序。

四、制作多场景动画

在 Flash 中新建文件时，默认状态下只有一个场景，即“场景 1”。要制作多场景动画，需要执行【插入】→【场景】命令，为动画添加场景。

本／章／小／结

本章重点介绍了常见的 Flash 动画制作方法。通过本章的学习，读者应掌握常见动画的制作方法，能够灵活运用并独立制作出短小的动画。

思考与练习

1. 练习制作形状补间动画。

2. 练习制作运动渐变动画。

3. 练习制作遮罩层动画。

4. 练习制作场景动画。

第九章

使用 ActionScript 添加特效

重点概念：

1.ActionScript 工作环境。

2.ActionScript 语言组成。

3.ActionScript 中的基本语句。

章节导读

ActionScript 是 Flash 动画制作软件内置的脚本语言，通过添加脚本程序可以使 Flash 影片以非线性的方式播放，实现各种精彩的特效动画。为了使制作的动画更具表现力，特效更丰富，用户应进一步学习 ActionScript 3.0。

第一节 ActionScript 工作环境

ActionScript 是 Flash 动画的编辑脚本语言，除了能制作网页特效以外，还可以用来制作交互式网站，制作多媒体课件和 Flash 游戏。“trace（ ）”这个语句的作用是在 Flash 运行时将括号中的内容显示出来。

显示输入内容的操作步骤如下。

（1）执行【文件】→【新建】命令，选择 ActionScript 3.0，可以对新建的文档做一些自定义设置，再点击【确定】按钮，如图 9-1 所示。

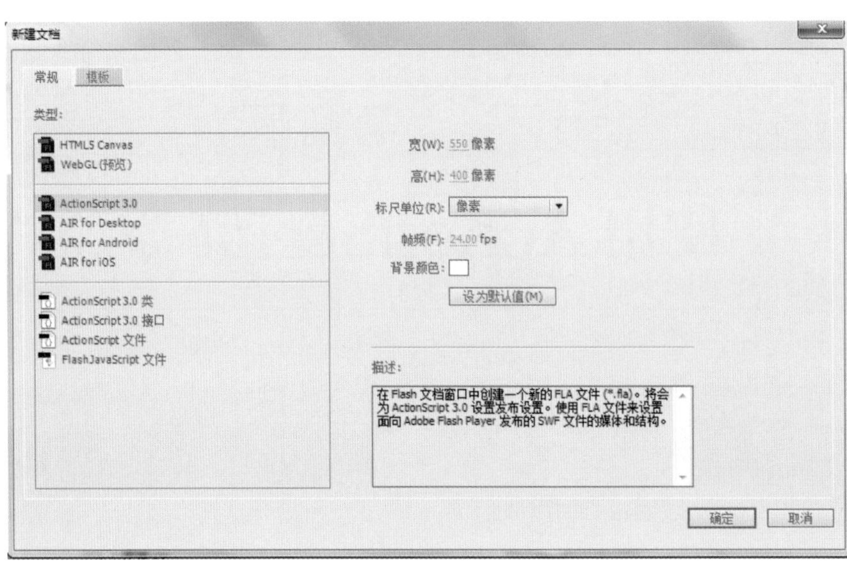

图 9-1　选择 ActionScript 3.0

（2）【窗口】→【动作】，打开动作面板，左侧是可以选择的 ActionScript 的一些动作，下方是输入代码的位置，右边空白区域是书写代码的区域，在输入代码时可以切换下方标签的位置，来确定输入代码的位置，如图 9-2 所示。

图 9-2　输入代码

在时间轴的第 1 帧动作面板右边的空白处编写程序，输入：trace（“编写的内容”），注意大小写，括号后面跟着分号，点击【控制】→【测试影片】，就会看到上面的输出窗口，里面有“编写的内容”几个字。

第二节 ActionScript 语言组成

ActionScript 语句和普通程序语句相同，由语句、变量、函数组成，主要涉及变量、数据类型、表达式、运算符、函数等。

1. 变量命名规则

变量可用来存储程序中使用的值，但必须将 var 语句和变量名结合使用。变量由变量名和变量值组成，变量名用来区分，变量值用来确定变量的类型大小。变量的命名必须是标识符，标识符的第一个字符必须是字母、下画线或美元符号，在一个动画中变量名不可重复，并且变量名可以区分大小写。默认值是在设置变量值之前变量中包含的值，首次设置变量的值就是初始化变量，如果没有设置变量的值，则处于未初始化变量，未初始化变量的值取决于数据类型，默认值如表格所示。在 ActionScript 中变量分为全局变量和局部变量两种。全局变量是整个代码中被引用的变量，语法格式为：变量名 = 表达式。局部变量是只在代码的某个部分定义的变量语法格式，语法格式为：var 变量名 = 数据类型；变量名 = 表达式；var 变量名：数据类型 = 表达式。

数值类型	默认值
Boolean	False
int	0
Number	NaN
Object	null
String	null
uint	0
未声明	undefined
其他所有类	null

2. 数据类型

在 ActionScript 3.0 中数据类型总体分为简单数据类型和复杂数据类型以及表达式。简单的数据类型如 String、Number、Boolean 等，复杂的数据类型如 MovieClip、TextField、SimpleButton、Date 等。

运算对象和运算符的组合称为表达式，包含文字、变量、运算符等。

3. 运算符

运算符可以用来处理数字、字符串和其他需要进行比较运算的条件。常见的运算符如下。①算术运算符，如“+”“−”“×”“/”“%”等。②字符串运算符：主要通过加法运算符来实现，以将字符串连接在一起，成为一个新的字符串。③比较运算符：一般用于判断脚本中表达式的值，再根据比较值返回一个布尔值，比较运算符如“>”“<”“<=”“>=”“==”“!=”。④逻辑运算符：可以计算两个布尔值以返回第三个布尔值。常见的逻辑运算符如“&&”“！”“===”“！==”。⑤位运算符：

制作动画时可能需要制作特效而使用位运算符，将浮点型数字转换成 32 位的整型，再根据整型数字重新生成一个新数字，常用的位运算符如“&”“|”“^”“~”“<<”“>>”“>>>”。
⑥赋值运算符：用来为变量或常量赋值，常用的赋值运算符如“=”“+=”“×=”“/=”。

4. 函数

函数是 ActionScript 3.0 脚本语言的核心部分，大部分 Flash 动画特效和交互功能的实现都需要使用到函数。函数可以向脚本传递值并能返回值反复使用的代码块，在 Flash 中通常分为预定义全局函数和自定义函数。

第三节　ActionScript 中的基本语句

一、条件判断语句

条件判断语句有以下类型。

（1）if…else 条件语句用于测试一个条件，若该条件存在，则执行一个代码块，否则，执行替代代码块。

（2）if…else if 条件语句用于测试多个条件。

（3）switch 语句用于多个执行路径依赖同一个条件表达式，功能与 if…else if 语句相同，但是更便于阅读。switch 语句不是对条件进行测试以获得布尔值，而是对表达式进行求值并计算结果来确定要执行的代码块，代码块以 case 语句开头，以 break 语句结尾。

二、循环控制语句

循环控制语句有以下类型。

（1）for 循环语句用于循环访问某个变量以获得特定范围的值，必须在 for 语句中提供三个表达式：设置了初始值的变量、用于确定循环何时结束的条件语句以及在每次循环中都更改变量值的表达式。

（2）for…in 循环语句用于循环访问对象属性或数组元素。

（3）for each…in 循环语句用于循环访问集合中的项目，可以是 XML 或 XMLList 对象中的标签、对象属性保存的值或数组元素。

（4）while 循环语句与 if 语句相似，只要条件为 true，就会反复执行。但相比 for 循环语句，while 循环语句的缺点是更容易出现无限循环，它的优点是如果省略了用来递增计数器变量的表达式，则 for 循环示例代码将无法编译，而 while 循环示例代码则能够编译，若没有用来递增 i 的表达式，循环将成为无限循环。

（5）do…while 循环语句是一种 while 循环，保证至少执行一次代码块，这是因为在执行代码块之后才会检查条件，即使条件不满足，也会生成输出结果。

本 / 章 / 小 / 结

本章重点介绍了 ActionScript 添加特效的知识。通过本章的学习，读者应了解 ActionScript 工作环境、语言组成和基本语句，制作出更具表现力的动画。

思考与练习

1. ActionScript 语言由哪些内容组成?

2. ActionScript 中的基本语句是什么?

第十章
使用 Flash 组件快速创建动画

重点概念：

1. 组件的基本操作。

2. 使用常见的组件。

章节导读

组件是一种带有参数的影片剪辑，它可以帮助用户在不编写 ActionScript 的情况下，方便、快速地在 Flash 文档中添加所需的界面元素，例如单选按钮或复选框等控件。

第一节　组件的基本操作

组件是一种带有参数的影片剪辑，即使用户对动作脚本语言没有深入的理解，也可以使用组件在 Flash 中快速构建应用程序，因此组件可以被理解为一种动画的半成品。在 Flash CC 中，组件的范围不仅仅限于软件提供的自带组件，用户还可以下载其他开发人员创建的组件，甚至创建自己的组件。

一、添加组件

向 Flash 文件中添加组件的方法非常简单，用户可以直接从【组件】面板中拖动组件到舞台上，如图 10–1 所示，或者选中组件，双击鼠标左键将其添加到舞台上。在添加组件之后，该组件就成为一个组件实例，用户可以通过【属性】面板或【组件检查器】面板设置其参数，如图 10–2 所示。如果需要在【舞台】中创建多个相同的组件实例，还可以将组件拖到【库】面板中以便于反复使用。

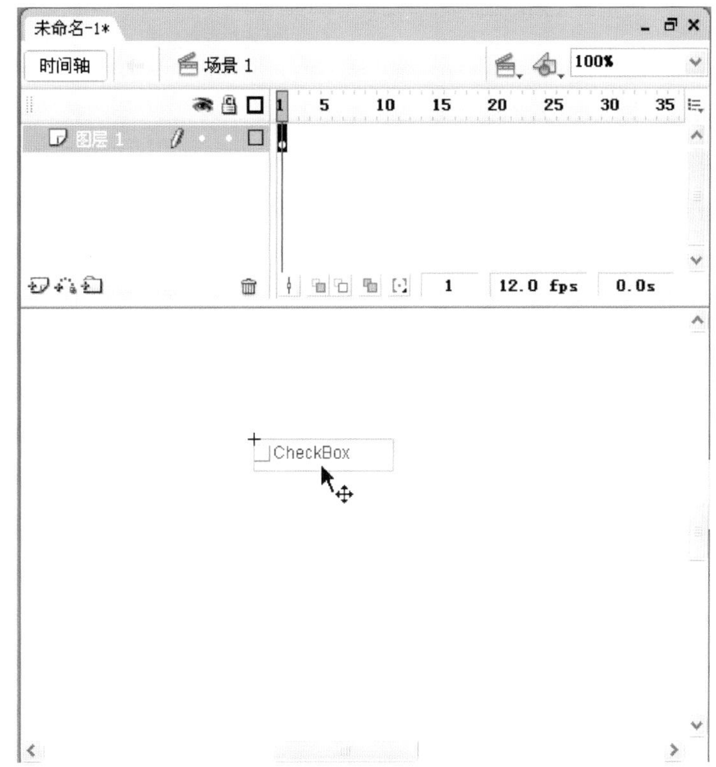

图 10–1　从【组件】面板中拖动组件到【舞台】上

图 10–2　设置参数

二、调整组件实例的大小

如果组件实例没有足够的尺寸显示它的标题，当在 Flash Player 中播放时，该组件实例的标题文本将会被删除一部分，如图 10–3 所示。用户可以在属性面板的“宽”和“高”文本框中输入数值用以调整组件实例的大小，从而完全显示其标题文本，如图 10–4 所示。

图 10-3　标题文本被删除部分

图 10-4　完全显示标题文本

三、启用动态预览功能

启用动态预览功能可以使组件尽可能地“所见即所得”，即使编辑状态和发布后的效果一样，但是动态预览并不能反映组件属性的改变情况。如果要启用动态预览功能，可以选择【控制】→【启用动态预览】命令，图 10-5 所示即为启用动态预览功能后的效果。

四、删除组件实例

如果要删除某一组件实例，可以在选中后直接按【Delete 键】；若要删除某一组件的所有实例，可以在【库】面板中选中相应元件及其 Skins 文件夹，然后单击【删除】按钮，如图 10-6（a）、图 10-6（b）为删除 Skins 文件夹前、后的效果。

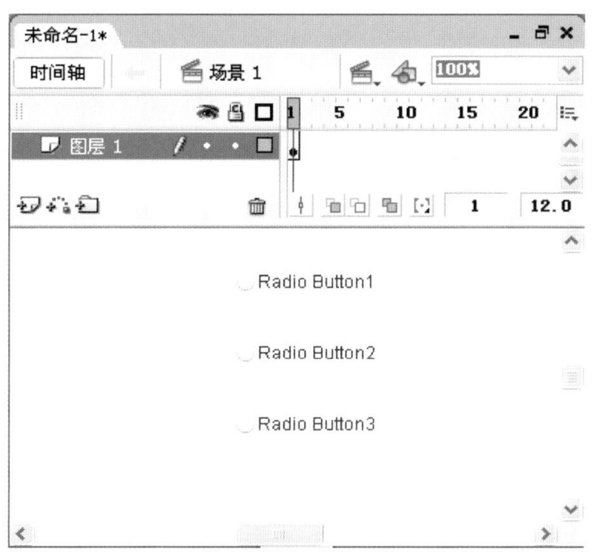

图 10-5　启用动态预览功能后的效果

(a)

(b)

图 10-6　删除 Skins 文件夹前、后的效果

第二节　使用常见的组件

一、使用按钮组件

按钮组件【Button】是一个可使用自定义图标来定义其大小的按钮，它可以执行鼠标和键盘的交互事件，也可以将按钮的行为从按下改为切换。

【示例 1】创建按钮组件【Button】。

创建按钮组件【Button】操作步骤如下。

（1）从组件面板中，拖动组件【Button】到舞台中。

（2）选中组件【Button】实例，在属性面板中【实例名称】文本框中输入“MyButton”。

（3）单击【参数】标签，打开【参数】选项卡，设置组件【Button】实例的参数。

参数包括以下几种类型。

【icon】：可为按钮添加自定义图标。该值是库中影片剪辑或图形元件的链接标识符，没有默认值。

【label】：设置按钮上文本的值。

【LabelPlacement】：确定按钮上的标签文本相对于图标的方向。

【Selected】：如果切换参数的值是“true”，则该参数指定是按下按钮，如果切换参数的值是“false”，则该参数指定释放按钮。

【Toggle】：将按钮转变为切换开关。如果值为“true”，则按钮在按下后保持“按下”状态，直到再次按下时才返回到“弹起”状态。如果值为“false”，则按钮的行为就像一个普通按钮。默认值为“false”。本示例设置为 true。

（4）单击【时间轴】面板中的“插入图层”按钮，插入“图层 2”。

（5）选择【窗口】→【动作】命令，打开动作面板。

（6）选中“图层 2”的第 1 帧，在动作面板中输入下列代码：

```
function clicked（ ）{
    trace（ “You clicked the button!” ）;
}
MyButton.addEventListener（ “click” ,clicked）;
```

（7）按【Ctrl+Enter 键】预览。

二、使用复选框组件

复选框是一个可以选中或取消选中的方框，它是表单或应用程序中常用的控件之一，当需要收集一组非互相排斥的选项时都可以使用复选框。组件【CheckBox】用于创建复选框，当收集一组非相互排斥的“true”或“false”值时，可以使用复选框。

【示例 2】创建复选框组件 CheckBox。

创建复选框组件 CheckBox 的操作步骤如下。

（1）拖动组件【CheckBox】到【舞台】中，如图 10-7 所示。

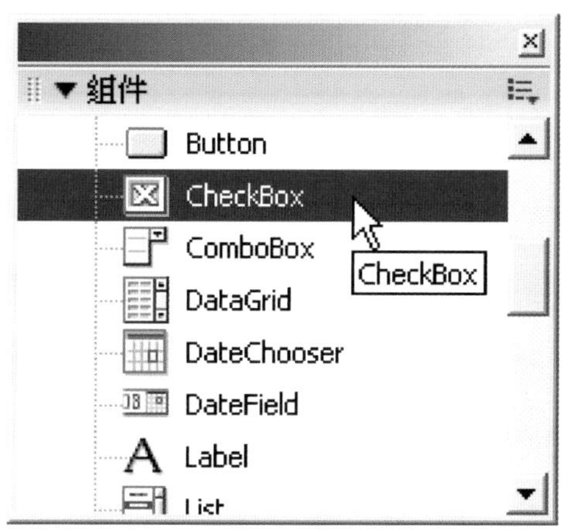

图 10-7　拖动【CheckBox】组件到【舞台】

（2）选中组件【CheckBox】实例，单击【组件参数】标签，打开如图 10-8 所示的【组件参数】选项卡，设置组件【CheckBox】实例的参数。

图 10-8　【参数】选项卡

对参数的说明如下。

【label】：用于设置复选框上的文本，默认值为“defaultValue”，这里设置为“语文”。

【labelPlacement】：用于设置复选框文本相对于图标的方向，默认值是“right”。

【selected】：用于设置复选框的初始状态是选中“true”还是取消选中（“false”）。

重复第（1）步和第（2）步的操作，另外拖入两个组件【CheckBox】，并设置它们的“label”值分别为“数学”和“英语”。

（3）按【Ctrl+Enter 键】预览，测试效果。

三、使用单选按钮组件

单选按钮组件【RadioButton】允许在互相排斥的选项之间进行选择，用户可以利用该组件创建多个不同的组，从而创建一系列的选择组。

【示例 3】创建单选按钮组件【RadioButton】。

创建单选按钮组件的操作步骤如下。

（1）拖动组件【RadioButton】到舞台，如图 10-9 所示。

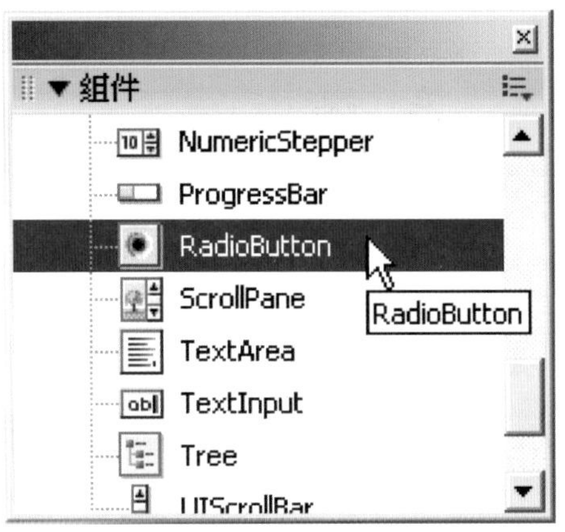

图 10-9　拖动【RadioButton】组件到【舞台】

（2）选中组件【RadioButton】实例，单击【组件参数】标签，打开【组件参数】选项卡，设置组件【RadioButton】实例的参数，如图 10-10 所示。

图 10-10　【参数】选项卡

对参数的说明如下。

【data】：用于设置与每个单选按钮相关联的值，该数据参数是一个数组，没有默认值。

【groupName】：用于设置单选按钮的组名称，默认值为“radioGroup”，这里设置为“num”。

【label】：用于设置按钮上的文本，默认值为“Radio Button”，这里设置为“正数”。

【labelPlacement】：用于设置按钮文本相对于图标的方向，该参数可以是“left”、“right”、“top”或“bottom”，默认值是“right”。

【selected】：用于设置单选按钮是否处于选中状态。被选中的单选按钮会显示一个圆点。一个组内只有一个单选按钮可以有被选中的值（“true”）；如果组内有多个单选按钮被设置为“true”，则会选中最后的单选按钮，默认值为“false”。

（3）重复第（1）步和第（2）步的操作，另外拖入两个组件【RadioButton】，并设置它们的“label”值分别为“零”和“负数”。

（4）按【Ctrl+Enter 键】，测试效果。

四、使用下拉列表组件

下拉列表组件【ComboBox】允许用户从打开的下拉列表框中选择一个选项。下拉列表框组件【ComboBox】可以是静态的，也可以是可编辑的，可编辑的下拉列表组件允许用户在列表顶端的文本框中直接输入文本。

【示例 4】创建下拉列表组件 List。

操作步骤如下。

（1）拖动组件【ComboBox】到舞台中。

（2）选中组件【ComboBox】实例，单击【组件参数】标签，打开如图 10-11 所示的【组件参数】选项卡，设置组件【List】实例的参数。

对参数的说明如下。

【data】：用于将一个数据值与组件【ComboBox】中的每个项目相关联，该数据参数是一个数组。

【editable】：用于设置组件【ComboBox】是可编辑的“true”还是可选择的“false”，默认值为“false”。

【labels】：用文本值数组填充组件【ComboBox】。双击其文本框，将弹出【值】对话框，在其中添加“年龄”“性别”和“民族”的值。

【rowCount】：用于设置在不使用滚动条的情况下一次最多可以显示的项目数，默认值为“5”。

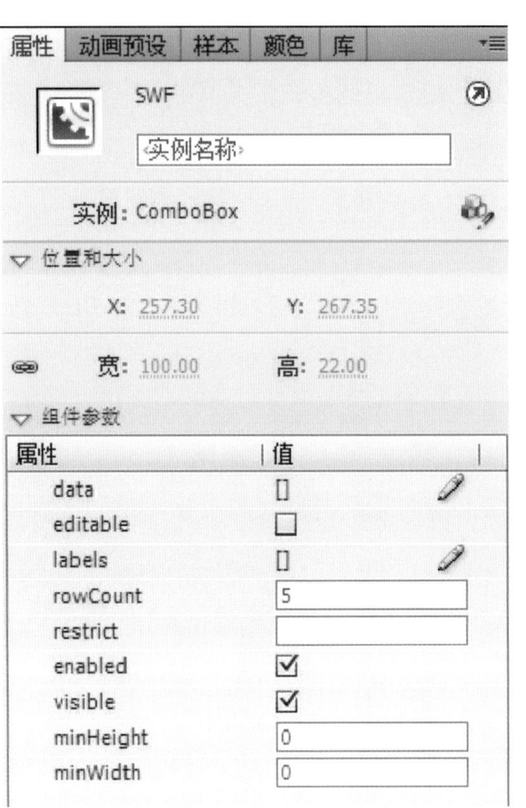

图 10-11 【组件参数】选项卡

（3）单击【确定】按钮，按【Ctrl+Enter 键】，测试效果。

五、使用文本区域组件

组件【Label】用于创建不可编辑的单行文本字段。

【示例 5】创建文本区域组件【Label】。

创建文本区域组件【Label】操作步骤如下。

（1）从组件面板中拖动组件【Label】到【舞台】中。

（2）选中组件【Label】实例，单击【组件参数】标签，打开【组件参数】选项卡，设置组件【Label】实例的参数。

对参数的说明如下。

【autoSize】：用于设置标签的大小和对齐方式。

【html】：用于设置标签是否采用 HTML 格式，这里设置为“true”或“false”。

【text】：用于设置标签的文本，这里设置为“Label A”。

（3）重复第（1）步和第（2）步的操作，另外拖入两个组件【Label】，并设置它们的“text”值分别为“<i>Label B</i>”和“<b>Label C</b>”。

（4）按【Ctrl+Enter 键】，测试效果。

六、使用进程栏组件

使用进程栏组件【ProgressBar】可以方便、快速地创建出动画预载画面，也就是我们通常在打开 Flash 动画时见到的 Loading 界面。如果配合标签组件【Label】，还可以将加载进度显示为百分比，如图 10-12 所示。

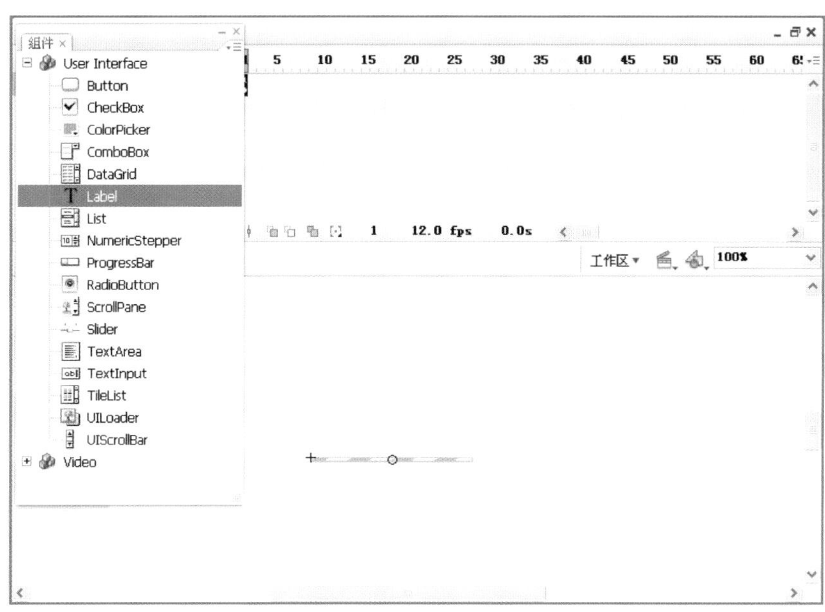

图 10-12　进程栏组件 ProgressBar 配合标签组件 Label

七、使用滚动窗格组件

使用组件【ScrollPane】在可滚动区域不仅可以显示文本，还可以显示影片剪辑、JPEG 文件和 SWF 文件，如图 10-13 所示。

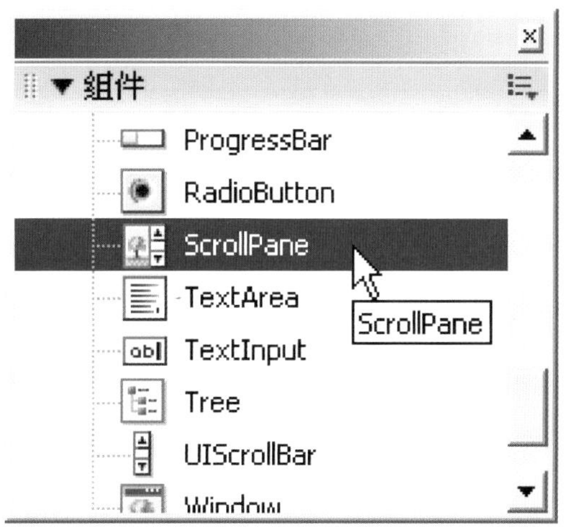

图 10-13　ScrollPane 组件

对参数说明如下（见图 10-14）。

【contentPath】：指明要加载到滚动窗格中的内容。

【hLineScrollSize】：指明每次按下箭头按钮时水平滚动条移动多少个单位。

【hPageScrollSize】：指明每次按下轨道时水平滚动条移动多少个单位。

【hScrollPolicy】：显示水平滚动条。

【scrollDrag】：一个布尔值，它允许（“true”）或不允许（“false”）用户在滚动窗格中滚动内容。

【vLineScrollSize】：指明每次按下箭头按钮时垂直滚动条移动多少个单位。

属性	值
contentPath	
hLineScrollSize	5
hPageScrollSize	20
hScrollPolicy	auto
scrollDrag	☐
vLineScrollSize	5
vPageScrollSize	20
vScrollPolicy	auto
enabled	☑
visible	☑
minHeight	0
minWidth	0

图 10-14　参数设置

第三节　使用视频类组件

在 Flash 中的视频组件 FLVPlayback 专门针对播放 FLV 格式而设计，其参数设置如下。

（1）【align】：在 scaleMode 参数设置为“maintainAspectRatio”或“noScale”时指定视频布局，有 9 种选择，默认值为“center”。

（2）【autoPlay】：一个布尔值。设为“true”，则 FLV 在加载后立即播放，设为“false”，则在加载第一帧后暂停。默认值为“true”。

（3）【cuePoints】：一个数组，用于指定 FLV 的提示点。使用提示点可以将 FLV 中特定的位置与 Flash 动画、图形或文本同步。

（4）【preview】：可以选择某一帧图像用于创作时的实时预览。要生成运行时的预览图像，必须先导出所选的帧图像，然后通过动作脚本加载。

（5）【scaleMode】：指定在视频加载后如何调整其大小，有三个选择。

（6）【skin】：用于打开【选择外观】对话框选择组件的外观。默认值为“None”。如果选择“None”，则 FLVPlayback 实例将不包含播放、停止、后退功能，用户也无法执行与这些控件相关联的其他操作。如果 autoPlay 参数设为“true”，则 FLV 会自动播放。

（7）【skinAutoHide】：一个布尔值，如果为“true”，则鼠标未在视频上时隐藏组件外观。此属性只影响通过设置 skin 参数加载的外观，而不影响从 FLVPlayback 自定义用户界面组件创建的外观。

（8）【skinBackgroundAlpha】：外观背景的 Alpha 透明度，为 0.0 ～ 1.0 之间的数字。只能与利用 skin 参数加载了外观的 SWF 文件以及支持颜色和 Alpha 设置的外观一起使用。

（9）【skinBackgroundColor】：外观背景的颜色（0xRRGGBB）。只能与利用 skin 参数加载了外观的 SWF 文件以及支持颜色和 Alpha 设置的外观一起使用。

（10）【source】：一个字符串，指定要进行流式处理的 FLV 文件的 URL 以及如何对其进行流式处理。URL 可以是指向 FLV 文件的 URL，指向流的 RTMP URL，也可以是指向 XML 文件的 URL。

（11）【volume】：一个数字，介于 0 ～ 1 的范围内，指示音量控制设置。

本 / 章 / 小 / 结

本章重点介绍了 Flash 组件的知识，其中组件的参数设置是重点和难点，应重点学习。通过本章的学习，用户应掌握组件的基本操作，尽量熟悉每个组件的用途和使用方法，制作出具有简单交互效果的动画。

思考与练习

1. 创建一个组件【Button】实例，并为其添加图标。

2. 使用组件【CheckBox】创建简单的复选框按钮。

3. 了解视频组件的参数设置。

第十一章

优化和发布 Flash 动画

重点概念：

1. 优化 Flash 动画。

2. 使用常见的组件。

章节导读

动画制作完毕后，将需要对动画进行优化、导出、发布等操作，以供其他应用程序使用或供他人观看。

第一节 优化 Flash 动画

随着 Flash 文档容量的增大，其下载时间将增加，播放质量将下降，虽然在发布的过程中，Flash 会自动对文档执行一些优化，但为了获得最优的播放质量，我们有必要对 Flash 动画进行优化处理。

一、优化动画文件

在制作 Flash 动画的过程中，应注意对动画文件的优化来达到较好的效果，动画制作过程中文件的优化有以下几个方面。

（1）将动画中相同的对象转换为元件，在需要使用时从库中调出，以减少动画的数据量。

（2）位图比矢量图文件体积大，因此尽量使用矢量图。

（3）补间动画中的过渡帧是系统计算得到的，逐帧动画的过渡帧是通过用户添加对象得到的，所以补间动画的数据量比逐帧动画要小很多，因此制作动画时应减少逐帧动画的使用，尽量使用补间动画。

（4）尽量避免在同一时间内安排多个对象同时产生动作。

（5）动画的尺寸不要设置得太大，尺寸越小，动画文件就越小。

二、优化动画元素

在制作 Flash 动画的过程中，应该注意对动画元素的优化，主要有以下几个方面。

（1）对动画中的各元素进行分层管理。

（2）减少矢量图形状的复杂程度。

（3）减少导入素材的数量。

（4）减少特殊形状矢量线条的应用。

（5）使用适量线条替换矢量色块。

（6）多使用实线，少使用特殊线条。

（7）尽量缩小帧范围的动作区域。

三、优化文本

在制作 Flash 动画时，常常会用到文本内容来说明动画或增强动画的表现形式，因此还应对文本进行优化，主要包括以下两个方面。

（1）使用文本时不应运用太多类型的字体和样式。使用过多的字体和样式会使动画的数据量增大。

（2）尽量不要将文字打散，字体打散后会变成图形，使文件容量变大。

第二节　设置输出前的格式

选择【文件】→【发布设置】，打开【发布设置】对话框，在【发布】栏中选择【flash（.swf）】复选框，即可在右侧的窗格中对发布后 Flash 动画的版本、图像品质和音频质量等进行设置。

第三节　发布 Flash 动画

一、导出动画

【示例 1】导出 Flash 动画。

导出 Flash 动画操作步骤如下。

（1）打开 Flash 文档，选择【文件】→【发布设置】，打开【发布设置】对话框，在【发布设置】栏中选中【GIF 图像】复选框，在右侧的窗格中选中匹配影片复选框，在【播放】下拉列表框中选择【动画】选项。【发布设置】对话框如图 11-1 所示。

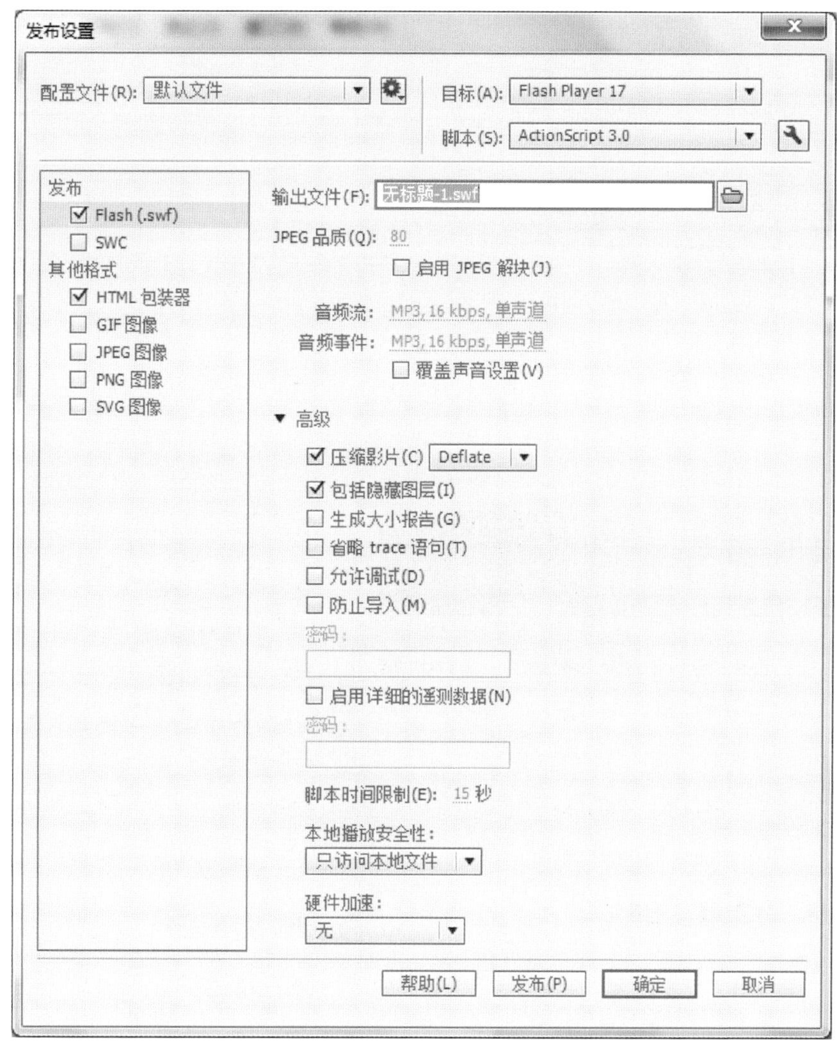

图 11-1　【发布设置】对话框

（2）单击【输出文件】文本框后的【选择发布目标】按钮，打开【选择发布目标】对话框，在其中选择发布后的路径，在【文件名】文本框中输入名称，单击【保存】，如图 11-2 所示。

（3）返回【发布设置】对话框，此时即可在【输出文件】文本框中查看到选择的路径，单击【发布】，开始发布 Flash 文档。

（4）Flash 开始发布文件时会显示其发布进度，完成后打开输出路径。

（5）在文件上右击，在弹出的快捷菜单中选择【打开方式】命令，即可在打开的 IE 浏览器中查看图像效果，如图 11-3 所示。

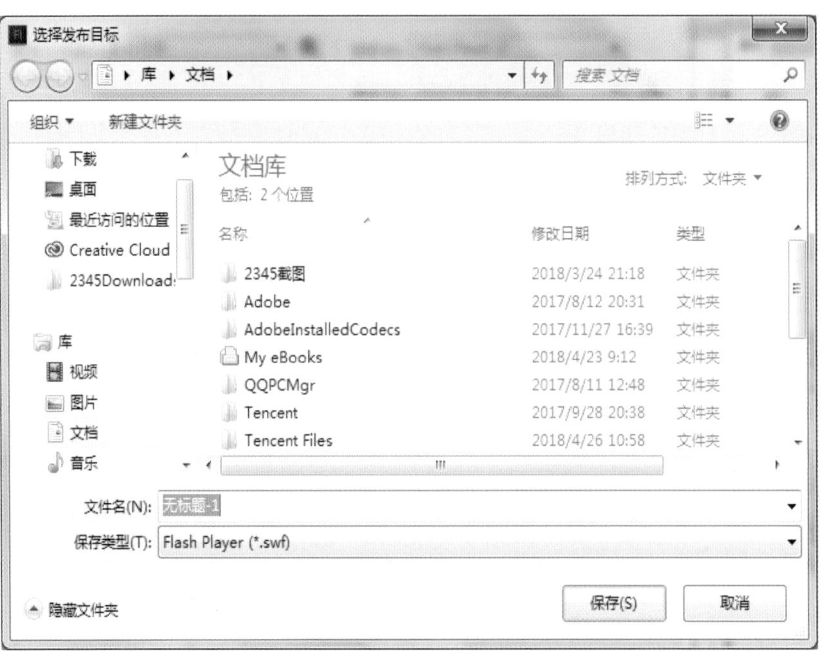

图 11-2 在【文件名】文本框中输入名称

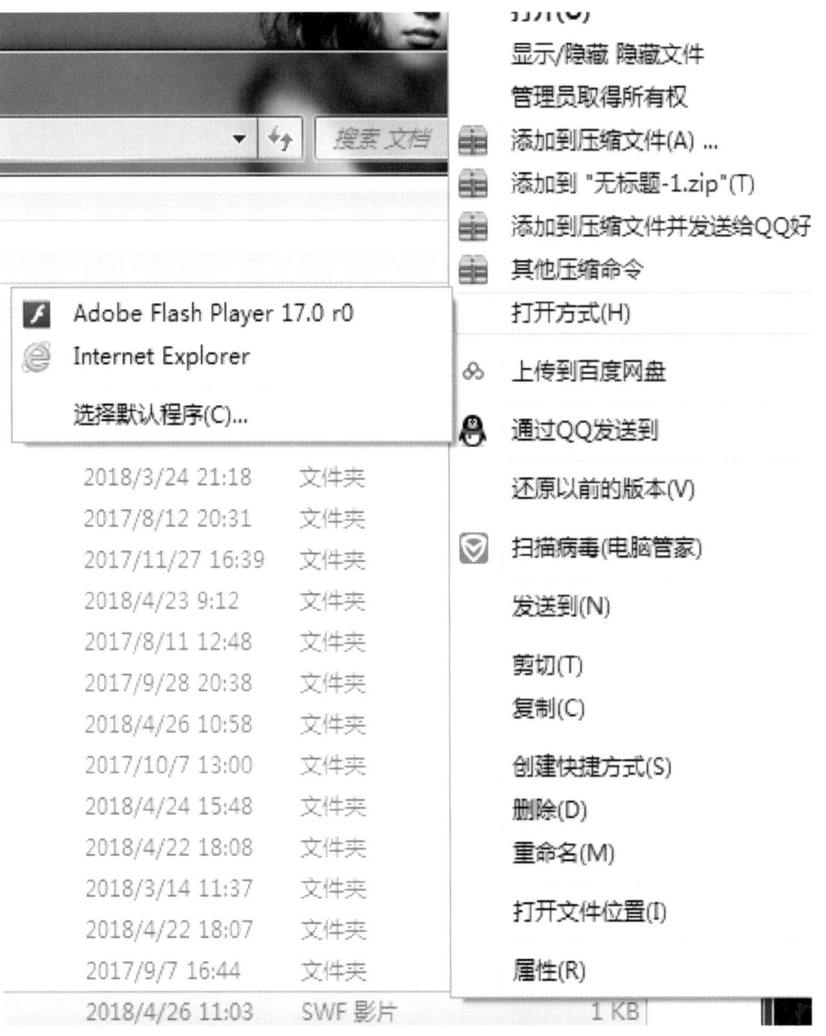

图 11-3 选择【打开方式】命令

二、预览发布动画

在【设置发布】对话框中对动画的发布格式进行设置后，即可进行动画的发布，发布动画的方法主要有以下两种。

（1）选择【文件】→【发布】。

（2）按【Shift ＋ Alt ＋ F12 键】。

第四节　导出 Flash 影片

一、导出影片

【示例 2】导出 Flash 影片。

在 Flash CC 中，用户还可将 Flash 动画导出为影片，包括 SWF 影片、JPEG 序列、GIF 序列、PNG 序列和 GIF 动画等，方法如下：执行【文件】→【导出】→【导出影片】命令，打开【导出影片】的对话框，在【保存类型】下拉列表框中选择导出的类型，单击【保存】，打开【导出】对话框，在其中进行设置后单击【导出】，完成后打开保存影片的文件夹即可看到导出的效果，如图 11-4 所示。

图 11-4　【导出影片】对话框

二、导出图像

【示例 3】导出图像。

制作好动画之后，若想将动画中的某个图像导出来储存为图片格式，可执行导出图像操作。操作步骤如下。

（1）打开 Flash 动画文档，在默认情况下选择第 1 帧。

（2）在【时间轴】面板选择要导出图像的那一帧。

（3）选择【文件】→【导出】→【导出图像】，打开“导出图像”对话框，在其中选择文件保存的路径，设置保存类型为【JPEG 图像】，单击【保存】，如图 11-5 所示。

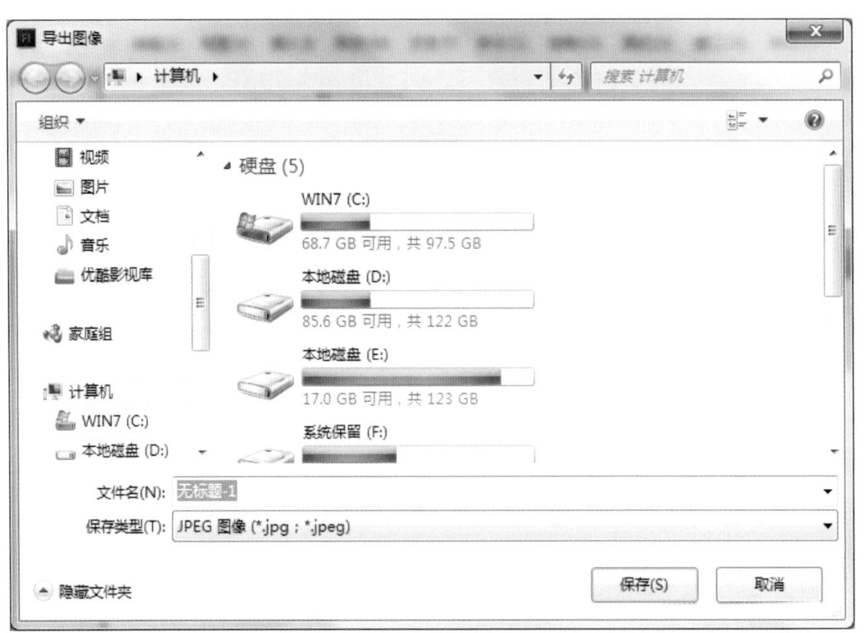

图 11-5 【导出图像】对话框

（4）打开【导出 JPEG】对话框，在【分辨率】文本框中输入“120”，在【包含】下拉列表框中选择【完整文档大小】选项，在【品质】数值中输入“100”，单击【确定】，如图 11-6 所示。

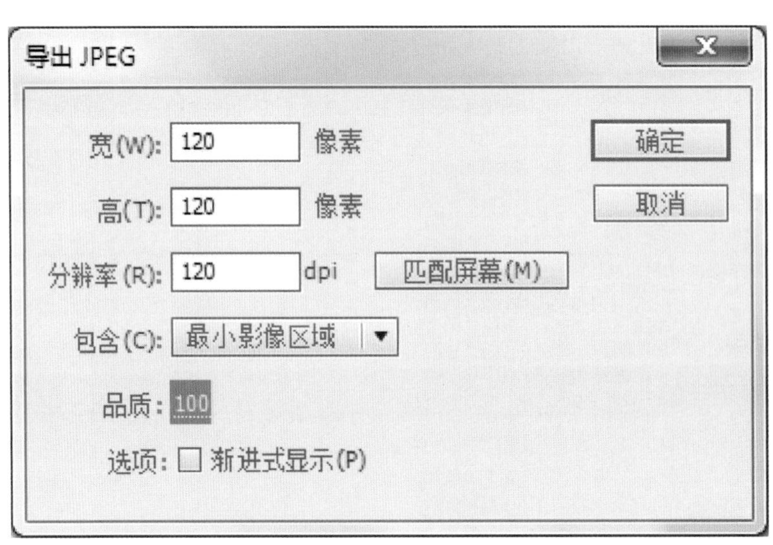

图 11-6 【导出 JPEG】对话框

（5）打开图像的保存路径，使用图片查看器打开即可查看其效果。

本 / 章 / 小 / 结

本章重点介绍了优化和发布 Flash 动画的知识。通过本章的学习，读者可以学会优化动画文件、动画元素、文本，可以熟练发布自己的动画作品，将 Flash 动画导出为影片。

思考与练习

1. 在动画制作过程中，文件的优化包括哪些方面?

2. 在动画制作过程中，元素的优化包括哪些方面?

3. 如何导出 Flash 动画?

4. 如何导出 Flash 影片?

参考文献

References

[1] 新视角文化行 . Flash CC 从入门到精通 [M]. 北京：人民邮电出版社，2016.

[2] 项巧莲 . Flash CC 案例应用教程 [M]. 北京：电子工业出版社，2017.

[3] 文杰书院 . Flash CC 中文版动画设计与制作 [M]. 北京：清华大学出版社，2017.

[4] 杨雪静，胡仁喜，等 . Flash CC 中文版入门与提高实例教程 [M]. 北京：机械工业出版社，2016.

[5] 孔祥亮 . Flash CC 动画制作案例教程 [M]. 北京：清华大学出版社，2016.